让身体和微生物成为朋友

——好肠胃是健康的基础

【美】贾斯丁·桑伯格　【美】艾丽卡·桑伯格 ◎著

桑璠璠 等◎译

中国纺织出版社　全国百佳图书出版单位
国家一级出版社

图书在版编目（ＣＩＰ）数据

让身体和微生物成为朋友 ： 好肠胃是健康的基础 ／
（美）贾斯丁·桑伯格，（美）艾丽卡·桑伯格著；桑璠
璠等译. -- 北京：中国纺织出版社，2018.5
书名原文：The good gut
ISBN 978-7-5180-4257-9

Ⅰ．①让… Ⅱ．①贾… ②艾… ③桑… Ⅲ．①肠道微
生物—关系—健康 Ⅳ．①Q939②R161

中国版本图书馆CIP数据核字（2017）第265106号

让身体和微生物成为朋友
——好肠胃是健康的基础

责任编辑：国 帅 闫 婷　　特约编辑：何永利　刘建民
责任设计：零 渡　　　　　　责任印制：王艳丽

中国纺织出版社出版发行
地址：北京市朝阳区百子湾东里A407号楼　邮政编码:100124
销售电话：010-67004422　传真：010-87155801
http://www.c-textilep.com
E-mail：faxing@c-textilep.com
中国纺织出版社天猫旗舰店
官方微博：http://weibo.com/2119887771
三河市宏盛印务有限公司印刷　各地新华书店经销
2018年5月第1版　2018年5月第1次印刷
开本：787×1092　1/16　印张：16.25
字数：178千字　定价：45.00元

凡购本书，如有缺页、倒页、脱页，由本社图书营销中心调换

谨以本书献给我们的女儿克莱尔和卡米尔，是她们给了我们创作本书的灵感。

同时，还将本书献给我们体内数以万亿计的微生物居民，它们正默默地让我们延续着人类生命体的特质。

序

20世纪60年代中期，我在医学院里学到了关于肠道微生物的知识。人体的肠道里有种类和数量众多的微生物，它们对于人体消化和营养的预处理十分重要，而且，使用抗生素可以引起微生物群的失调，这是因为有益菌被抑制而有害菌会过度生长。那个时代，人们吃酸奶或者被标示为"健康的坚果"的乳酸菌补充剂被认为是为了促进消化道健康，几乎没有医学专家相信，肠子内的微生物对于人的消化道之外的器官甚至全身的健康是有益的。人们没有微生物群的概念，但这些微生物的脱氧核糖核酸（DNA）的总数甚至超过了人类的DNA数目。

今天，对人体微生物群的研究成为医学科学最热门的领域之一，这预示着我们在深入了解人体生理学方面正在发生着一场革命，研究成果给我们带来了以新的方式来管理疾病和优化健康方面的巨大希望。生活在结肠中的细菌和真菌可以决定我们与环境的相互作用，保护我们免受过敏和自身免疫疾病的困扰。它们可以保护我们不会变得肥胖或者患糖尿病，它们可以抑制或者增加我们对炎症的反应。在某些人体内，这些细菌和真菌可能会和人工甜味剂相互作用使这些人发生胰岛素抵抗或者体重增加，它们甚至可以影响大脑的功能和情绪的稳定。

我第一次从本书作者之一贾斯丁·桑伯格博士那里听到这个全新的观点，他和他的妻子艾丽卡都是这方面杰出的研究人员，领导着斯坦福大学医学院微生物与免疫系的实验室。2013年，我邀请贾斯丁在亚利桑那州立大学综合医疗中心组织的第十届营养与健康年会上做关于他的课题的演讲，数百名内科医生、注册营养师和其他健康专业人士出席了本次大会。对我来说，贾斯丁的发言是本次大会的亮点，他的演讲提出了让人兴奋的人体微生物群方面的发现，他给出的建议解决了我在健康方面日益增加的疑问：哮喘、过敏、自身免疫病在北美和其他发达地区正在增加。为什么花生过敏事件在今天变得如此多发，而在20世纪50年代却很少见？如何解释那么多的谷蛋白过敏？

最后一个问题曾经让我特别困惑：许多谷蛋白不耐受只是由患者做出的判断，缺乏实验的证据，但是，越来越多的人在把食物中的谷蛋白去掉之后，症状就会消失，再次吃含谷蛋白的食物时又出现了症状。我反对小麦和谷物是不好的食物的说法，认为是小麦近年来的基因改变让北美人尤其敏感的说法也不能令我信服。在中国，大多数餐馆都有面筋（谷蛋白）这道菜，比如豉汁面筋或者糖醋面筋，这道菜并不会让中国食客们过敏。日本的情况也是如此。北美的小麦怎么了，会引起如此多的过敏？

贾斯丁·桑伯格提出了这样的见解：这些改变其实归因于肠道微生物群的变化。过去的几十年中，四大因素极大地改变了我们的肠道微生物群状况：

（1）工业化生产的加工食品增加；

（2）抗生素的广泛应用；

（3）剖宫产以惊人的速度增加，现在，剖宫产已占到分娩总数的1/3；

（4）母乳喂养的减少。

在本书中，你将看到这些因素对于减少肠道微生物群的作用以及这些改变可能导致的慢性疾病，包括自闭症、抑郁症发病率的增加，其他心理和情绪方面的障碍。

桑伯格夫妇同时讨论了将肠道微生物群作为一种诊断形式的可能性，此外，他们对这样一个非常重要的问题进行了研究：是否能通过修改肠道微生物群减少我们的患病危险和改善健康状况。这是一个非常个性化的问题，而且会随着年龄增长而有所不同。你是否会吃促进微生物健康的食物补充剂？它们有用吗？哪一种最有效？东亚人最有特色的发酵食品怎么样？我以为我们（译注：指美国）应该比东亚人生产更多、吃更多这种食物。本书将帮你解决所有这些问题。

我认为本书应该成为卫生专业人员以及对健康有广泛兴趣的人们必不可少的读物。我相信，你将像本书作者和我一样，对于微生物是我们生命的一部分这样的新发现而兴奋不已。

安德鲁·威尔，医学博士

2014年10月于亚利桑那州图森市

安德鲁·威尔，美国著名医生，替代医学与自然疗法领袖，美国《时代周刊》2005年100位全球最具影响力人物、1997年25位最具影响力美国人物、1997年和2005年《时代周刊》封面人物，2009年福布斯最佳网站（drweil.com）指导者。

前言

　　众所周知，许多的健康问题是由基因决定的。我们也知道，保持正确的饮食、坚持锻炼、调节好压力，可以改善身体健康。但是，如何做这些事情存在很大的争议。许多出发点良好的健康计划只关注减肥或心脏健康，但是否存在影响健康的其他关键因素呢，比如是否有另一种可塑性基因组同样影响我们的体重、情绪和健康？如果我们可以通过特定的生活方式影响这个基因组的话会怎么样？事实上，这种"第二基因组"是存在的，它属于居住在我们肠道内的微生物，而且对我们的身体健康的很多方面是至关重要的。这种微生物的团体，我们称之为微生物群，它们与人体健康和疾病的密不可分的关系被不断揭示，它们的"高大形象"也因此被重新确立。

　　随着科学家对西方国家的流行疾病如癌症、糖尿病、过敏、哮喘、自闭症和炎性肠病原因的不断研究，人们越来越清楚地认识到，微生物群在这些疾病的发展和人类健康的其他方面扮演了非常重要的角色。这些寄生细菌在某种程度上直接或间接地影响着人体的方方面面。

　　我们的肠道微生物已经在我们体内进化了数千年，但是如今它们遇到了新的挑战。当今世界已经改变了我们的饮食方式（过度加工，高热量，工业生产食品）以及生活方式（抗菌剂消毒的房子和抗生素的过度使用），这些改变威胁到了我们的肠道微生物健康。

我们的消化系统不是简单地包裹着我们所吃食物的那些组织，其中还充满着为数众多的细菌和其他微生物。尽管所有的身体表层、毛孔和蛀牙中都充满微生物，但人体的绝大多数微生物位于肠道之中。肠道微生物群的作用有很多，如以化学方式切断并处理难以消化的膳食纤维，将其转换成我们的结肠可以吸收的化合物，这些化合物对我们的健康非常必要，同时给我们提供最后的机会留住不好消化的膳食纤维。培养肠道微生物以便让它们产生人体所需的化合物，是保持身体健康的最重要的选择之一。

超出我们想象的是，肠道微生物群对免疫系统也进行着控制。免疫系统是身体健康的核心所在，当它运作良好时，我们能够有效对抗感染，并将恶性肿瘤消灭于萌芽阶段。免疫系统运作欠佳，会导致许多疾病。拥有健康的肠道微生物群，免疫系统很可能就运作良好。如果肠道微生物群不健康，我们患自身免疫性疾病和癌症的风险将增加。微生物群产生的化学物质会影响肠道及全身炎症的严重程度——我们的免疫系统对伤害和感知到的威胁的反应表现为肿胀、发红和刺激。炎症是能够引起各种各样的健康问题的连锁反应。

微生物群产生的一些化学物质甚至可以通过脑—肠轴直接与中枢神经系统进行交流，科学家们目前仍在研究微生物群是如何影响我们的大脑的。脑—肠轴对我们的健康有深远影响，它不仅仅是告知我们何时该进食了。肠道微生物群还可以影响情绪和行为，这可能使神经系统的状况发生改变。

　　每个人从出生开始就和微生物有着千丝万缕的联系。尽管我们在母亲子宫里的时候是无菌的，但是当我们接触到母体以外的世界时，微生物就迅速进入我们的身体并开辟出它们的原始栖息地，这些微生物来自我们的母亲及其他家庭成员、朋友和周围环境。正如生物学家斯坦·弗科沃曾经说过的话："世界上到处都是'大粪'。"或者说得文明一点，生活中到处充满了细菌，这并不是一件坏事。所以下一次当你的婴儿拿起一个新的东西放进嘴里时，如果它不会造成婴儿窒息，你就不要急于把东西从他嘴里拿出来或用消毒剂清洁，而是考虑一下这些细菌是如何为婴儿提供有价值的微生物来帮助孩子形成崭新的微生物群的。随着时间的变化，人体微生物群的形成取决于我们是顺产还是剖宫产、是母乳喂养还是非母乳喂养、多久使用一次抗生素、家中是否养狗，当然还有我们所吃的食物种类。

　　越来越多的证据表明，肠道内的细菌对我们的健康和幸福生活至关重要。这意味着我们需要仔细考虑所选择的生活方式、医疗和饮食对肠道微生物产生的后果。21世纪的脱氧核糖核酸（DNA）测序技术为微生物群的超过200万个微生物基因（微生物组）提供了一个详细的信息，一些引人注目的主题已经逐渐凸显。首先，我们每个人的微生物群如同指纹一般独一无二，影响我们易患某些疾病的倾向。第二，微生物群会产生功能故障，这会导致一些疾病或异常，例如肥胖症，引起我们曾经认为仅仅是由于生活方式导致的肥胖。第三，由于微生物群具有改变我们身体的能力，它能让我们在年老的时候也获得更好的健康状况。

　　正确地看待微生物群，对身体健康至关重要。我们可以利用这个新知识来回答许多问题，其中包括：我们如何引导出生时的微生物群形成以便孩子能拥有一个健康的体内微生物群？如何在成人期优化我们的微生物群以增强免疫系统功能，降低患自身免疫疾病和过敏症的风险？哪些特定的饮食变化对培养我们的微生物群有帮助？当我们需要使用抗生素时，如何恢复一个数量庞大的微生物群？我们如何做到在成长过程中使微生物群数量的减少最轻微？我们怎样才能找到适合个人肠道的微生物群？

虽然关于微生物群还有很多需要发现的事情，但是过去的10年里我们已经见证了对微生物群理解的信息大爆炸，以及它们与人类健康和疾病的关联。显而易见的是，尽管10年前人们对这方面知之甚少，但微生物群却是代表人类生物学的一个重要特性。许多悬而未决的问题为开启生物医学科学家的事业提供了肥沃的土壤，同时，在许多方面，这个问题将是人类健康的关键。

我们的肠道是超过100万亿个细菌的栖息地，如果你把肠道内所有的细菌一个挨一个地连接起来，它们能到达月球。这些细菌遍布我们的消化系统，根据类型分布在胃里（大多数细菌因为胃的刺激和酸性环境不住在这里）或小肠里，但大多数居住在大肠。一个人的大肠里有数百种细菌，数量多达几万亿，也就是说，每茶匙肠内容物中含有5000亿个细菌。

显然，我们的肠道中并不缺少细菌，但下一句话却显得有点令人难以相信：我们的肠道细菌已经少到可以列入濒危物种名单了。美国成年人平均有约1200种不同的细菌停留在肠道内，这看似很多，但是你应该知道居住在委内瑞拉亚马孙地区的美洲印第安人肠道细菌平均为1600种，比美国人多1/3，同样，其他有着与古代人类祖先相似的生活方式和饮食习惯的民族比美国人有更加丰富的肠道细菌。为什么会出现这种情况？过度加工的西式饮食、过度使用抗生素、给房屋消毒，这些正在威胁着我们肠道居民的健康和稳定。

肠内细菌能够穿梭在肠道内的各种食物之间寻找吃的东西，就像人们试图在家得宝（美国家居连锁店）卖场中找到食物一样。糖果货架不能计算在内，正如迈克尔·波伦所说，这些货架上并非装满了食物，而是"像食物的物质"。由于这些特殊的饮食，普通美国人的肠道细菌正在忍受饥饿。雪上加霜的是，一年中我们多次使用肠道细菌的"毒药"，也就是抗生素。最糟糕的是平均每年我们花费近700美元在家用清洁剂上，因为这可以让我们的家庭像医院手术室一样一尘不染。别忘了，还有无处不在的瓶装洗手液，在商店入口、学校图书馆的柜台上甚至书包上都可见到其身影。

很难确定这条路会将我们引向何方。在不久的将来，也许我们体内只拥有祖先细菌物种的一半，或者更少，如果是这样，这意味着什么？从肥胖、糖尿病和自身免疫疾病，我们已经看到西方生活方式对我们健康的影响，这些疾病通常不会出现在有更多样的微生物群的社会。由于我们采用了扼杀微生物群的生活方式，这些疾病是否会变得更加普遍，出现在人类日常生活中，或扩散到全世界？虽然肠道微生物群能够对我们的身体健康做出重要贡献，但它们可能会灭绝，或者数量少到无法像早期人类那样形成菌群，而且这种情况很可能在某种程度上已经发生了。

我们已经成为一个痴迷垃圾食品的国家，我们的青年一代也被灌输这种有害的生活方式，他们是扼杀微生物群的生活方式的无辜受害者，这使他们变得衰弱而短寿。

作为科学家，我们写了很多研究微生物群的论文，但是这些信息并不能轻易地传达给普通百姓，换句话说，这种情况很让人烦。科学家们被训练得保持高度的怀疑精神，除非通过严格的双盲测试和安慰剂对照研究，科学家们一般不会依据研究成果向公众提出建议。但是在我们自己的家庭里，基于在实验室的发现和对微生物群的其他研究，我们已经在饮食和生活方式上做出了改变。随着女儿们的长大和与其他有小孩的家庭的交往，我们注意到这些父母正试图在食物方面做出明智的决定，但是，他们忽略了一个健康的核心元素——孩子的微生物群。如果人们无法得到这方面的信息，他们又能做什么呢？我们因此而意识到，我们对于消化道及其微生物的见解是非常独特的，能够明显主导我们做出许多决定，同时也可以在如何养活自己和子女以及生活的其他方面指导我们的行动。

我们承诺编著这本书是希望收集非专业人士十分需要的基本信息，以便他们能够了解一系列新的微生物群的研究成果。我们利用该领域目前可用的数据，给读者提供一些实用的饮食与生活方式上的意见和建议，本书涉及的问题也是当今生物学研究的焦点问题之一——可以促进人类健康的肠道微生物群问题。

我们编写这本书的目的是通过展示研究领域中最有趣的和相关的发现，来展示肠道微生物群是如何影响你的整个生活的。我们将着眼于什么是微生物群以及它们是如何征服我们的；我们如何为其提供营养；它们的神奇特性是什么；这个领域的重大前沿科学是什么；微生物群是如何生长的；如何在一生的时间里照料它们。

在对微生物群的简短介绍之后，我们解释了肠道微生物群从我们出生前的无菌消化道到婴儿和儿童阶段如何发展。这部分包括如何确保儿童在开始吃固体食物之后采用有益于微生物群的饮食习惯方面的建议。对于新父母和考虑如何让孩子长期保持健康的父母来说，这是一本必读之物。本书后面的章节将深入探讨我们的微生物群与免疫系统和新陈代谢的关系。我们提出现代社会在照料肠道微生物群方面犯了许多错误，并讨论如何改革饮食和生活方式来改善微生物群，从而促进人体健康和抵抗慢性疾病的侵袭。我们提及了肠道微生物群与大脑之间的联系，包括这个快速发展的领域中最新的研究成果——将微生物群与情绪、行为联系在一起。在第七章，我们描述了在治疗问题性微生物群方面的最新重大突破（包括使用粪便移植来重组病变的微生物群），同时我们讨论了这个新领域中治疗方法的光明未来。第八章侧重于最近有记载以来随着年龄增长微生物群数量的下降，以及如何通过将这种下降趋势最小化来改善老年人的消化系统健康和整体健康。最后，我们把本书所涉及的所有实用建议集合在一起，制作成独立的计划，让你体内的微生物群走上正确的轨道，维护身体长期健康的状态。最后一部分包括食谱和三餐计划，用来帮助那些忙碌的人和家庭有效获得健康的微生物群。

必须强调的是，对微生物群的研究仍处于起步阶段，或者充其量也就是在蹒跚学步阶段，但是我们确实可以用目前对微生物群的理解来指导生活中的决定，我们认为有足够的信息来做出一般性建议。对个人来说，采用这些建议之前听取医生的意见是很重要的，存在特殊健康问题的时候更是如此。

我们的目标也包括让你了解肠道微生物群对人体健康的关键作用。我们希望本书能给读者提供一个平台，帮助他们诠释和理解最新的研究成果，使他们把这些研究成果运用到饮食和生活方式的选择上。人类基因组在出生之前就在很大程度上被固定了下来，与此不同，肠内微生物可以通过我们的选择和控制进行改变。微生物的可塑性为我们提供了一个巨大的机会：通过重塑微生物群来优化我们的健康。

　　我们必须认识到，人和微生物群之间的生物学关系是紧密交织在一起的。这些微生物是我们一生的伙伴，如果我们精心培育和照料，它们会反过来保护我们——被它们称之为"家"的人体。

目　录

第一章

受关注的人体微生物群

微生物的世界

我们总认为人类主宰着世界，人类创造了复杂的社会体系，建造了精巧别致的城市，创立了令人赞叹的艺术、音乐和文学。公路、水坝、闪烁的天际线，人类在这颗星球上的活动迹象甚至在太空中都看得见！虽然我们对地球有极大的影响是显而易见的，然而事实却是，人类是地球上微小而新近的存在。我们生活在一个微生物世界，在几十亿年里，地球都被微生物覆盖着，微生物是细菌和古菌之类的微观生物。你手上的微生物数量比世界上的人口总数还要多。如果把地球上所有的微生物集中在一起，它们的数量将大大超过所有植物和动物的总和（请在头脑中记下这个事实，这对于理解本书稍后的关于抗生素与微生物之战的内容有帮助）。据估计，地球上的细菌总数为5亿兆，或者按更加老套的说法，是5乘以100万的9次方，如果你想要写下来，就是5后面加30个0。

细菌无处不在，从寒冷黑暗的南极冰层下数百米深的湖泊，到深海中温度达到90℃以上的热水流火山口，再到喉咙肿块，都包含很多细菌。如果我们确实发现了外星生命，那么它们很可能是微生物（这也就是为什么火星探测器的任务之一是寻找能够支持微生物生存的环境的迹象）。存在了35亿年的单细胞微生物是地球上最古老的生命形式，相比之下，人类在20万年前才出现。如果假设地球的历史为24小时，地球的创造发生在午夜12点，那么微生物会在凌晨4点后一小会儿出现，而人类则会在一天将要过去的最后几秒出现。没有微生物，人类将不存在，但是如果人类消失了，很少有微生物会注意到。

尽管存在方式看似原始，现在的微生物却是数十亿年进化的产物。因此这些微生物和我们一样都是经过进化的——事实上，考虑到微生物经历了更多的世代（它们繁殖的时间从几分钟到几小时不等），它们可能比人类更好地适应当前的环境，例如，在短短几十年里真菌学会了从辐射中获取能量，这已经成为切尔诺贝利核事故周边地段的普遍现象；如果有大范围的灾难袭击地球，一些微生物可以快速适应新的环境并进行繁殖，与此相反，人类的身体却不能轻易地做出调整。

每一个新生儿代表着一个微生物栖息的新鲜之地。由于微生物的种类如此丰富和拥有惊人的快速适应新环境的能力，它们迅速地在地球上每个人的躯体中定居下来。它们在我们的皮肤、耳朵、嘴巴和身体的其他每一个孔隙找到了家，包括整个消化系统，肠道是大部分微生物聚居的地方。虽然一开始，寄居在我们身上的微生物只是为了寻找食物和住所，但在经历了与人体的共同进化后，从生物学角度讲，微生物已经成为人体的一个基本组成部分。

充满细菌的"管子"（人类）

人体本质上是一个结构非常复杂的管子，始于嘴，终止于肛门。消化道，或称肠道，是管子的内壁。正如玛丽·罗奇在其充满趣味的著作《消化道历险记》中提到的：我们和蚯蚓没什么不同。食物从管子的一端进入，在通过时被消化，然后被当作废弃物从另一端排出。在你对消化系统如此"单纯"感到沮丧之前，记住这个两端开口的管子比只有一个开口者已有重大的进步。水蛭是生活在池塘里的微小动物，它们只有一个嘴巴，这意味着摄取食物和排泄废物共用同一个开口。现在我们的"管子"看起来不那么寒酸了吧？

不像蠕虫，我们身体的管子有各式各样的外衣，它们已经进化，可以滋养和保护管子。为了给管子提供食物，胳膊和手负责抓取食物。我们的腿和脚已经进化用来移动和寻找更多的食物。我们所有的感官和高度复杂的大脑可以被认为是"附加之物"，为我们的管子获得更多食物、保护其免受伤害以及繁殖后代，从而获得更多的管子，为细菌提供了新的栖息地。

尽管肠道微生物群对消化有巨大的影响，食物需要通过消化道的大部分之后才能遇到这些微生物。我们所摄取的食物通过食管进入胃里，经过酸和酶的洗礼，开始了消化和营养吸收的过程。大约3小时严酷的机械搅拌后，酸性环境中的微生物相对减少，部分消化的食物缓缓流进了小肠。从此消化系统真正开始像一根管子了。这个柔软有弹性的通道有6.7~7米长，直径约2.5厘米，像是身体中的一盘意大利面。小肠的内部覆盖着像手指一样的突起，称为绒毛，专门负责将营养吸收入血。

穿过小肠的食物浸泡在胰腺和肝脏分泌的酶中，这些酶是用来帮助消化和摄取蛋白质、脂肪和碳水化合物的。在小肠中，微生物数量相对稀疏，只有每茶匙约5000万个细菌。

这场大约历时50小时的旅程的最后一站是大肠，或称为结肠，食物在此悠然通过。大肠没有小肠长——平均长度约1.5米——但它的名字来自于其宽度，大肠的直径约10厘米，大肠内侧有一层黏糊糊的黏液对肠壁起保护作用。在这里，我们吃下的剩余食物第一次遇到大量如饥似渴的微生物团体——微生物群（大肠中每茶匙内容物包含的细菌约是小肠的1万倍）。肠道细菌利用剩菜剩饭生活并且茁壮成长，主要是依靠被称之为膳食纤维的复杂植物多糖。没有（或无法）被细菌消化的东西，例如种子或玉米粒的外皮，会在食物进入消化道后的24~72小时内排出体外，这些排泄物中包含大量的细菌，有死的也有活着的。粪便中接近一半都是细菌，但它们留下大量的同胞，确保管子中仍然"人口密集"。根据现在的卫生标准，一些被排出体外的幸存的微生物可能会蔓延到附近的水源，不久之后它们会在别人的管子里找到新家。

这些细菌是如何进入我们的消化系统的呢？我们通常认为内脏都在身体里面，实际情况却是，我们的管子内壁暴露在外部环境中，就像我们的皮肤暴露在身体之外一样，毕竟这是管子的本质。通过反复接触我们周围的微生物（手上的、食物上的和宠物身上的），我们的管子不断暴露给微生物，它们中的一部分只是短暂经过，另一部分则会在体内停留数年甚至一生。

尽管肠道微生物遍布在结肠，但它们的生存并不容易。首先它们需要承受我们胃里的酸浴，然后终于在结肠阴暗潮湿的凹处找到庇护所，这里居住着超过1000种不同的细菌。虽然食品定期到达这里，肠道内的资源竞争仍是很激烈的，生存取决于抢在其他同类伸出微生物触手之前抢夺一切。在两餐之间，一些微生物依靠肠内壁包裹的黏液存活下来。

虽然生存对肠道微生物来说一直很难，但是与它们正面临的西方世界比起来，这些似乎不再困难。

西方人的微生物群残骸

想象一下，你第一次看到的飞机是一架坠毁后的残骸，如果对航空一无所知，你会发现很难在大脑中拼凑出飞机在坠机前是什么样子。这个比喻类似于研究人员试图理解人体微生物群是如何工作的情景。绝大多数的微生物群研究是针对美国人或欧洲人的，这些相似的个体更容易得西方疾病。当科学家们比较患有炎性肠病人群的微生物群和那些没有得此病的人的微生物群时，他们发现，通过西方生活方式获得"健康"的那一组研究对象可能无法提供健康的微生物群的准确定义。现代社会的危害之一是患炎性肠病的风险日益增加。尽管一个人没有得炎性肠病，但他的微生物群可能已经处于不健康状态了，在不久的将来可能会有得病的势头，这就像比较一个感冒又伴有发热和咳嗽的人和一个有发热但暂时没有咳嗽的人，在这种情况下，发烧可能是正常的（甚至是"健康"的人发烧），但是咳嗽才是问题所在。因为我们对健康微生物群的定义来自对美国人和欧洲人的研究，很有可能我们对"正常"的认识就已经高度扭曲了。

从人类诞生到大约1.2万年前（大约20万年的时间跨度），人类完全靠狩猎和采集获得食物。古代人类饮食包括野生植物和野生动物肉或鱼。农业的诞生标志着人类吃饭方式的巨大变化。自家种的水果和蔬菜（有选择地繁殖以增加甜味和果肉，减少膳食纤维）、用粮食饲养的动物及动物产品，如奶制品，以及种植的大米、小麦等，成为我们常见的食物。在过去的400年间，工业革命带来了前所未有和快速的饮食变化，即越来越多地依赖大规模生产的食物。现代技术在过去的50年使得商店充满了无限量的高甜度、高热量的食物，这些食物被去掉了膳食纤维，通过消毒延长其保质期。这些新食品让饮食在人类进化史上出现了巨大偏离。肠道微生物群已经在人类饮食历史中经历大起大落，不断适应食品技术和饮食模式的每一次转变。不幸的是，它现在似乎有潜在的灾难性轨迹。

肠道微生物群最了不起的特点之一就是能够迅速适应饮食结构的变化。肠道细菌分裂速度极快，其数量能够在每30~40分钟内增加1倍。在一个人体内，以他经常食用的食物类型为生的细菌数量能相对迅速地变得非常充裕。然而，靠这个人不经常吃的食物为生的细菌种类会被边缘化，沦为依靠肠道黏膜为生，或者面临最极端的情况——灭绝。在生物学上，这种变化的能力被称为可塑性，肠道微生物群正拥有这种能力。微生物群的可塑性确保了当我们祖先的狩猎者–采集者饮食习惯随着季节变化时，他们的微生物群可以很容易地适应以便获取最多营养。然而，这种可塑性也意味着因为适合觅食方式而数量曾经十分充裕的物种由于现代饮食已经消失。相反，在今天的充满汉堡和薯条环境中茁壮成长的菌种占微生物群的很大比例。现在，这种西方微生物群生活在大部分人的肠道中，甚至存在于认为自己是"健康"的人体内，而且不幸的是，这些细菌看起来不像是功能齐全的，而更像我们前面提到的那架"坠毁的飞机"，凌乱不堪。

为了了解一个功能齐全的微生物群应该是什么样子，我们可以看看非洲最后一个狩猎-采集民族——哈扎部落。他们居住在人类进化的摇篮——坦桑尼亚的东非大裂谷，那里是可追溯到的最古老的人类祖先的家园，他们的饮食习惯和微生物群与农业出现之前的人类祖先最为接近。

哈扎部落的食物包括捕获的野生动物肉、浆果、猴面包树的果实和种子、蜂蜜、块茎植物（又称"植物的地下仓库"）。他们吃的块茎包含太多纤维，咀嚼之后还需要吐出难以消化的膳食纤维。

对哈扎人的研究估计，他们每天食用100~150克膳食纤维，再来对比一下现在的美国人：每人每天平均吃10~15克膳食纤维。

哈扎人的微生物群比西方人更加多样化。如果把微生物群比作一罐糖豆，不同口味的糖豆代表不同种类的细菌，那么"狩猎者-采集者"的微生物群就像一个装满了不同颜色和味道的复杂混合物，其中一些还很不寻常，代表西方式微生物群的罐子中的糖豆口味少，种类单一。

一些人过着与1万年前的人类相似的传统农耕生活，他们通常也有比西方人更多样的微生物群。这些西方和传统的差异不仅仅局限于成年人的微生物群。住在布基纳法索村子里和孟加拉国贫困地区的儿童体内的微生物群看起来也不同于欧洲和美国儿童。与在成年人身上所观察到的相似，西方儿童的肠道微生物群多样性不如生活没有那么富裕的儿童，因此越来越多的证据可以证明，比起不吃加工食品、不定期服用抗生素和不需要随身携带除菌洗手液的人来说，西方人的肠道微生物群种类更少。

多样性很重要，在类似肠道这样的生态系统中，多样性可以缓解系统崩溃。想象一下一个充满各种各样的昆虫和鸟类的生态系统。如果只有一种昆虫消失，鸟类仍然可以选择（尽管范围变小）以其他昆虫为食。然而，如果越来越多的昆虫物种消失，鸟类最终会饿死，加剧生态系统中物种的消耗。由于西方人身上的微生物群多样性已消失殆尽，这个生态系统崩溃的风险也越来越大，这种崩溃可能影响人体健康。

被迫的合作

人类是不断进化的产物，并且仍然在与肠道微生物群友好相处的过程中继续进化着。微生物群占领人类的肠道是不可避免的，因此我们的身体需要学习如何与其产生积极的相互作用。自然选择的严酷现实是，人类和微生物被强制性地锁定在一起。除了与之共存外我们别无选择，所以通过这个积极合作，人类和微生物都可以受益。

尽管一些物种，例如通常被称为病原体的沙门氏菌、霍乱弧菌和艰难梭菌，与人体是互相对抗的，它们是广大友好微生物群中的异类。不幸的是，病原体导致了抗生素的过度使用，这损害了其他作用良好的微生物群。如果我们把肠道常驻菌看作入侵者——或者认为它们根本就不必去管，人类随意使用抗生素就证明了这一点——那么我们就正在破坏这个微生物群，并最终损害我们自己。

微生物群中的每个种类都有自己的遗传代码，或叫基因组。对所有微生物的基因组进行的编码，被称为人类微生物组，这是你的第二基因组，就像人类基因组是独一无二的一样（同卵双胞胎的兄弟姐妹除外），没有任何两个肠道微生物群是一样的，因此微生物群是个性化的一个主要贡献者（特别是如果你有一个同卵双胞胎兄弟或者姐妹时），你可以把你的微生物组看作体内指纹。你的微生物可能拥有降解某种类型的碳水化合物的能力，而别人的微生物群则不具备这种能力，例如，一些日本人肠道内有消化海带的细菌，而西方人的肠道微生物群中通常没有，因为海带占日本人饮食相当大的一部分，他们的微生物群已经进化以善加利用这种无处不在的食物资源，真希望西方人微生物群的标志不是消化热狗的能力！

我们需要肠道微生物群，人类别无选择，必须为大量又密集的微生物提供容身之地，我们做了所有成功进化的生物都做过的事情：我们加入了互利共赢联盟，换句话说，微生物为我们工作来换取留下来的资格。共生是指两个或两个以上的生物之间密切和长期的关系。一些共生关系是寄生的，这意味着一种生物以牺牲另一种生物获得好处，就像一个不受欢迎的客人吃光了你所有的食物，留下一片狼藉，还不领会他应该走了的暗示。在微观层面上，钩虫是不受欢迎客人的极好例子。共栖是共生关系的第二种类型，指的是对一方参与者有利，但很少或根本没有影响另一方，想象一下狗以你的生活垃圾作为食物的情形。互利是共生的第三种类型，双方都能够受益，现在想象一下，狗在翻你的垃圾的同时也让传播疾病的老鼠不敢接近，这种组合类似于我们人类与肠道微生物群的关系。

我们受益于微生物群最明显的方式就是它们在肠道中进行发酵作用时释放（然后被我们吸收）的化学物质。这些化学反应能让我们保住食物中的热量，以免被浪费掉，对生活在食物热量稀少环境中的人类祖先来说，这些是至关重要的。虽然摄取额外的热量在现代社会不那么重要了，这些反应产物仍然在生物学领域扮演着重要角色：优化我们的免疫系统、帮助我们抵御致病细菌、调节我们的新陈代谢。

　　肠道微生物从人体获得稳定的食物供应，它们除了等待食物出现外，无须花费太多的精力，取代"你好我好大家好"的形式，它更像是"你为我带来食物，我帮助你把它们消化成所需的分子"。但是为什么人类基因组没有完全消化食物的能力，以便我们无须依赖这些不劳而获的微生物？我们的消化道充满微生物的原因之一，是因为消灭微生物几乎是不可能完成的任务，想要在这个微生物世界营造一个无微生物的存在的环境需要付出巨大的努力，需要我们的免疫系统昼夜不停地工作来驱逐不断出现的微生物。

　　我们不能消灭所有微生物的另一个原因，是因为它们的基因能作为我们自身基因组的扩展。人类基因组中的每个基因都为人提供了一个好处，但是也带来了大量的能量消耗：人类细胞每分裂一次，细胞中包含的整个人类基因组的遗传物质（约2.5万个基因）都要被复制。我们受益于微生物基因，它们有各种人类基因组没有的功能，例如，微生物基因组能够将难以消化的食物转化为可以调节人体多项生理功能的关键物质，从肠道炎症到如何有效地存储额外的热量，这种人与微生物的分工协同进化如此成功，以至于它已经世代相传至今。

　　有一种生活在被称为水蜡虫的园林害虫体内的细菌很特殊，它拥有目前已知的所有细菌中最小的基因组，而且代表生命所需的最小数量的基因。科学家对小型基因组感兴趣是因为它们为改造微生物提供了一个很好的起点，从头开始使其发挥有效作用，例如，清理海洋石油泄漏或把秸秆转化为燃料。在进行这种细菌的基因组测序后发现，这种细菌的基因就是最基本的细胞功能都需要的关键基因，与这种细菌共同生活的还有另一共生菌，它所包含的基因是前面所讲细菌缺少并需要的，这两种共生菌相互利用，甚至连维持生命所需的基因都要依赖对方，这样才可以让彼此在互利共赢的方式下生存。

虽然大自然早就巧妙地利用了这种共生，但直到今天，我们中的许多人仍然没有理解这个道理：在竞争激烈的环境中成功的关键就是委托与合作！

水蜡虫体内的两种共生菌之间的关系，非常类似于人体和肠道微生物群的关系：为其提供住所、分配给它们必要的功能和维持一个最佳状态的基因组，有一点要注意的是：你必须照顾好这些有至关重要功能的微生物。

我们依赖微生物群中的基因来弥补我们自己的基因组缺陷。分解我们食用的植物中的多种膳食纤维，需要我们的肠道微生物群提供大量的基因。我们与这些微生物的共生关系贯穿人类历史，这使得我们从出生到生命结束都非常依赖这些由微生物将膳食纤维分解给身体各系统提供的化学物质，这些物质确保我们的肠道在出生后发育正常，确保我们的免疫系统有效（但不是太过于热衷）对抗疾病，确保我们的新陈代谢保持平衡。人类从微生物群提供的300万~500万个基因中获得好处，又不用承担保护它们的责任。

细菌的坏名声

如果微生物群对人类健康至关重要，为什么我们现在才关注到它们？直到最近，医学微生物学领域才开始关注"坏"的细菌，也称为病原体，这些病原体引起人类疾病，如霍乱、肺结核、细菌性脑膜炎，造成历史上无数人的痛苦和死亡。不难看出，为什么医学研究一直侧重于了解和对抗这些细菌。在19世纪中期，著名微生物学家路易·巴斯德进行了证明微生物是引起食品变质和发酵的实验——一个把牛奶变成酸奶或葡萄汁变成红酒的过程。在巴斯德之前，科学家们认为牛奶中自动产生的某种物质导致牛奶变坏，通过实验，巴斯德证明了腐败和发酵并不是因为什么离奇的事物，而是周围环境中微生物。

巴斯德的研究帮助了细菌致病论的形成，巴斯德认为，正如微生物可以破坏牛奶一样，人类疾病也可以是微生物入侵的结果。细菌致病论在当时是一个非常新颖的概念，因为当时的科学家们普遍认为人类患病是由于腐烂气体——从腐烂的有机物质中散发的恶臭气体所致，这种致病臭气的理论带动着公共卫生方面的决策。

19世纪中期是伦敦个人卫生改善的时期。抽水马桶的革命性发明受到千家万户的欢迎，人们都渴望摆脱不怎么干净的夜壶，但是新的问题随着被冲走的污物出现了。伦敦当时没有像样的排污系统，夜壶大多是倒在遍布整个城市的污水坑，抽水马桶中的污水也流入这些污水坑中，然而，马桶冲出的水迅速导致了泰晤士河的溢出，而那是伦敦很多居民的饮用水源。到了19世纪中期，死于霍乱的人数不断上升，就像泰晤士河的污水暴涨一样。

在1858年那个异常炎热的夏天，这场危机到了紧急关头，夹杂着高温和泰晤士河上发酵的污物，伦敦面临一个巨大的臭气问题，这被称为"伦敦大恶臭"。臭味是如此的强烈，以至于很多被软禁在充满细菌环境中的人纷纷远离家园。恶臭的增加伴随着霍乱发病率的提高，人们很容易就会想到泰晤士河中的"瘴气"是导致霍乱暴发的原因。事实上，霍乱是一种由霍乱弧菌引起的疾病，但当时还没有人知道这一点。这种细菌的传播非常成功，因为它引起的主要症状是腹泻，同时也传播细菌，污水和饮用水掺杂的地方传播更为严重。在19世纪中叶的伦敦，饮用泰晤士河下游水源的人比饮用上游水的人患霍乱的概率高4倍。很多人认为，恶臭只是卫生环境恶劣的标志，而非霍乱蔓延的原因，但是由于污水气味和疾病的传播联系如此紧密，人们相信有害气味本身就是患病的原因。

最终，大恶臭变得再也难以忍受，人们被迫开始改善泰晤士河周边的环境卫生，清理水源减少了霍乱弧菌的数量，从而减少了霍乱的发病率。

伦敦的遭遇体现了几个世纪的文明与看不见的敌人——引起疼痛、痛苦和死亡的病原体的对抗，但直到19世纪80年代，德国科学家罗伯特·科赫才证明了细菌是炭疽、霍乱和肺结核等疾病的致病因素。他的开创性的方法，被称为科赫法则，现在仍然被当作病原体是疾病的致病因素观点建立的标准。科赫的发现为他赢得了诺贝尔奖以及柏林大学的工作，在那里，他担任卫生研究所的主任——这预示着未来对环境卫生的需求。他的科学发现最终结束了毒气理论，并且标志着医学微生物学的诞生，在随后的150年里，微生物学家致力于研究这些致病细菌。传染性疾病是历史上人类的最大杀手。抗生素的出现是人类用来杀死细菌以阻止传染性疾病和挽救生命的重大发明。从这些事例，我们不难看出细菌是如何获得坏名声的，以及为什么人类社会开始增加对卫生条件的关注。

直到20世纪早期，科学家们才开始肯定广泛生活在人类肠道内的菌群（肠道微生物群）。作为20世纪最著名的发现之一，阿瑟·肯德尔在《科学》杂志上发表文章称："这些实验表明，人体肠道中存在一个细菌种群。"

尽管知道细菌生活在我们体内，但是没有人十分清楚它们在做什么，它们能否影响我们的健康或者如何影响我们的健康。致病细菌会造成许多严重的人类疾病，而肠道细菌比较微妙，对人类的健康有长期影响，因此，研究费用从古到今都花在已知的"坏"细菌上，直到最近，科学家们才开始了解肠道细菌对人体生物学各个方面的巨大影响。按照阿瑟·肯德尔的说法，人类不仅有一个存在于肠道中的微生物群，人类也是这些微生物群的产物。

微生物群时代的到来

在20世纪60~70年代，包括阿比盖尔·赛耶斯在内的一群富有远见的微生物学家开始研究人类肠道细菌。人们只能猜测为什么这些科学家选择专注于这些看似无伤大雅的肠道居民，而不是关注影响更大的致病细菌，但值得庆幸的是，肠道细菌激发了他们的兴趣。在研究显示某些细菌与人体多方面健康相关之前，赛耶斯就已经专注于肠道细菌的特殊种类——拟杆菌。2005年，我们参观了她在伊利诺伊州大学香槟分校的实验室。

阿比盖尔·赛耶斯是无畏的研究微生物群的先锋和务实的实干家。我们到了她所在的香槟分校以后，她领我们走过实验室和旁边堆满了她早期进行微生物群实验的工具的走廊，最后，我们来到了会议室，围桌而坐，我们问她为什么选择研究拟杆菌，希望她能提供一些对这项超前研究的特殊的见解，她却回答说，这是最容易的工作，因为拟杆菌可以在有氧的环境下生存（其他许多重要的肠道微生物脱离肠道的无氧环境后就会死亡）。她的主要发现之一显示这个重要的肠道细菌特别擅长消化膳食纤维。赛耶斯和同事的工作为我们了解有多少种细菌生存在肠道中奠定了基础——人类无法自行消化吃掉的部分植物——但是当时的微生物群研究受限于研究人员可用的研究工具以及在实验室里研究这些细菌的困难，正在等待新技术的出现来推动其前行。

该技术飞跃的跳板就是20世纪80年代末开始的人类基因组计划，这个为所有基因组基因排序的国际化努力是一项巨大的事业。这项工程耗时大约13年，完成了人类基因组的测序，总费用约为10亿美元，最终，我们获得了1万亿的测序数据，科学家们仍在努力解开它们的秘密。人类基因组计划鼓励着科学发现是无可辩驳的，但是很多人觉得人类基因组计划的完成并没有像他们希望的那样，对人类健康产生尽可能多的实实在在的利益，考虑到它耗费的高昂价格就更是如此。多数人都会同意，人类基因组计划正在为重要的疾病治疗方法的发展和我们对人类疾病的理解做出贡献，但"个性化医疗"的伟大承诺——根据每个人的基因组定制治疗方案——比之前的高调宣传实现得缓慢许多。

随着从人类基因组计划中获得的好处慢慢积累，这项工程的一个意想不到又伟大的结果是令人难以置信的DNA测序技术的创新。使用现代测序技术可以使每个人的基因测序在1周后完成并且花费不到5000美元——这都是由于人类基因组计划而蓬勃发展的。在不久的将来，我们每个人都将能够在1天之内完成个人基因组测序，花费大约为1000美元，这在很大程度上是由于这项工程所激发的惊人的技术创新。

很显然，人类基因组测序是一个科学和医学里程碑，人们日益认识到人类远不只是其基因的产物。为了全面了解我们身体携带的遗传物质，我们还需要给体内的细菌进行排序，这些细菌不仅仅来自肠道，还来自我们的皮肤、鼻腔、口腔和尿道。2008年，人类基因组计划结束后，美国国立卫生研究院发起了人类微生物组计划，这个工程的目的是使用人类基因组计划发展的科学技术来描绘出与人体息息相关的细菌生命体。根据目前所估计的人类体内细菌遗传物质的数量，我们只完成了1%的基因测序历程。如今，在这个项目开始的大约7年之后，科学家们开始更深入地了解人体微生物，这为更加完整的个性化医疗开辟了全新的道路。

尽管我们每个人的微生物群基因数量是人类基因组的100多倍，但是它们提供的微生物群落信息的数量多得令人难以置信。现在我们能够发出这样的疑问：患有某种疾病的人体内的微生物群是如何变化的？养狗或者吃海藻这些因素如何影响微生物群？改变饮食后微生物群的转变能有多快？

目前，微生物群的研究正在经历一个类似于人类基因组计划的阶段，世界各地的实验室使用现代测序技术获取我们的肠道微生物群信息。为了支持测序工作，许多实验室运用了其他尖端技术，让我们的理解超越了DNA序列以测试微生物群生物学的更多信息，如我们身体内的微生物群产生的种类繁多的化合物。在未来10年，我们对人与微生物群的关系的认知将达到一定程度，这可能会影响我们预防和治疗多种疾病。

虽然科学先驱正在绘制新的蓝图，但他们也认识到对于人类基因组计划能够迅速改变医学抱有的过度乐观的态度存在失误。不难想象，期望越大失望就越大，把科学发现转化为医疗实践还需要时间。但是不敢公开微生物群的健康作用就像在你孩子16岁生日那天把一辆崭新的法拉利停在车库，却让卖车人几年后再把车钥匙送来，这个话题吸引着科学家和非科学家们。想象一个研究员对有自闭症儿童的家庭这样说："是的，我们已经发现了孩子的病痛和肠道微生物群之间的关系，但我们正在非常谨慎地研究这一发现，我们会在大约10年后告诉你这方面的研究结果。"

被遗忘的功能器官

10年前，我们第一次开始研究肠道微生物群，感觉就像在研究一个新的人体器官。事实上，微生物群通常被称为"被遗忘的器官"。很少有人知道微生物群是如何工作的，都有哪些类型，以及这个"功能器官"是如何影响我们的健康的，然而，与此同时，微生物群如何改善疾病存在相当多的可能。

在所有新领域的科学研究中，都会存在一段"集邮"的时间。科学家们在过去几年时间列出了生活在我们肠道中的微生物种类，人类微生物组计划和全世界其他研究一起，在这个阶段发挥了重要作用，为科学家做更深入地了解奠定了坚实的基础。

获得肠道微生物群数量最简单的方法就是收集粪便样本。由于人类粪便中60%的干重（除水分以外的重量）都是细菌，简单地取一茶匙的粪便，然后用下一代DNA测序技术，我们就可以知道肠道内有哪些类型的细菌。粪便细菌与来自结肠的细菌（结肠镜检查期间获得）样本非常相似，但要求别人提供粪便样本可能让人有点不舒服，尤其是科学家一般都不特别的外向，因此，一开始很多做微生物群数量的实验科学家们还要依靠他们自己，这意味着每隔一段时间，我们就带着特百惠塑料容器回家，第二天带着我们对实验的"贡献"回到实验室，要么是羞耻感消失了，要么是科学家们变得更大胆，或者想要知道肠道里住着什么的强烈好奇心战胜了文化禁忌，在今天的美国，你只要花上99美元（外加一小份粪便样本），就可以通过"美洲肠道计划工程"得到你的肠道微生物群包含的细菌种类。目前为止，已有数千人参与了这一项目，这表明我们已经取得了长足的进步。

除了下一代测序技术，另一个研究微生物的伟大工具是悉生小鼠，悉生的意思是"已知的生命"。这些小鼠的肠道微生物群完全被科学家们定义和控制，因此，它们的生命是已知的。人类微生物群可以移植到无菌小鼠的身上，创造出所谓的"人性化"老鼠，患有克罗恩病、糖尿病、炎性肠病、肥胖的患者可以被选择进行这种移植。无菌小鼠的身体保持无菌，这意味着它们的肠道内完全没有细菌，通过研究这些无菌小鼠，科学家们更加肯定微生物群所发挥的功能，一些功能，比如帮助提取热量和平衡免疫系统，并不太令人吃惊，其他功能，比如它们影响情绪和行为的能力，是让人意想不到的。

无菌小鼠是两个无菌老鼠的后代，但在某种程度上，总要有老鼠来做第一只无菌老鼠，要做到这一点，需要对怀孕的老鼠做剖宫产，其子宫内的幼崽将被轻微漂白来杀死任何可能附带的细菌。这些幼崽不能跟随它们的母亲，因为这有转播细菌的风险，所以每个幼崽都由科学家使用装满牛奶的无菌容器进行抚养，这给"代孕父母"一词赋予了新的含义。

这些无菌小鼠只能吃高温、高压消毒的食物，喝消过毒的饮用水，睡在消过毒的窝里，并且生活在没有一丝细菌的无菌塑料泡沫里，这些无菌泡沫，或被称为隔离器，形成了一个完全封闭的环境，就连进入隔离器的空气也要经过过滤，把污染风险降到最低。与人类患上严重的联合免疫缺陷或"泡泡男孩"疾病不同，无菌小鼠体内免疫系统几乎不存在，尽管缺乏微生物群影响它们的免疫系统，并且被认为是"不正常"的（更多详情见第三章）。这些老鼠的无菌情况需要定期确认，通常的验证方式是检测并确认它们的粪便样本不包含任何细菌。可想而知，让小鼠在这样的条件下生存需要巨大的努力和花费，任何最小的失误，如错误地提供未杀菌的水或空气过滤器上有缺口，都可以破坏整个鼠群、几个月的研究和成千上万的研究经费。但是，这些艰苦的努力可以使科学家对微生物群做充分的研究，不做这样费时费力的工作就没办法进行微生物群的研究。

微生物群站在了舞台中央

我们的导师，杰弗里·戈登博士是一位训练有素的胃肠病学家，但是实际上他是一名科学家和对微生物群有远见的人。杰弗里的实验室充满了一排排设置在不锈钢手推车上方的塑料隔离箱，每一个箱中都有一群小鼠，一些老鼠体内完全没有微生物群（无菌），一些老鼠体内有正常数量的微生物群（传统），另一些则拥有人类的微生物群（人性化）。通过照顾这些小鼠，科学家们很快意识到，没有微生物群（无菌）的小鼠比有微生物群（传统）的小鼠吃得多，但体重更轻。他们也发现胖鼠体内的微生物群跟瘦鼠肠道内的微生物群不一样。这些观察提供了第一个线索：肠道内的细菌和体重的增加有关，但是它们是如何关联的？是肥胖导致微生物群改变，还是微生物群本身造成了肥胖呢？

这种"鸡生蛋还是蛋生鸡"的问题在科学研究中是很常见的，通常都难以解决。一般我们只能肯定地说，这两个因素（微生物群和肥胖）是相互关联或同时发生的，但不一定有因果联系，然而，这就是无菌老鼠的作用所在。杰夫的团队将肥胖鼠体内的微生物群移植到先前没有微生物群的消瘦老鼠体内，突然间，被移植了肥胖微生物群的消瘦老鼠体重开始增加，此时它们的饮食或运动习惯没有改变！出乎许多人的意料，这些科学家揭示了肠道微生物群足以导致原本消瘦、健康的小鼠体重增加。

这些发现使得科学界不得不开始重新塑造我们对肠道微生物的认识。很明显，微生物群不仅仅是一群游荡在我们肠道内的无害细菌，这些细菌能够深刻地改变人体生物学，还可能是解决最令西方人担忧的健康问题（肥胖）的主要贡献者。

最近的研究表明微生物群和肥胖的关联只是冰山的一角。失调，或称微生物失衡，在人们各种各样的健康问题如克罗恩病、代谢综合征、结肠癌甚至自闭症中都被观察到。事实上，我们越来越难找到一个没有经历微生物群畸变的健康状况，而在很多情况下，我们仍然不知道微生物群引起这些疾病的程度，很明显，我们需要用一种新的方式去思考我们自己，我们刚刚开始了解生活在我们的肠道内的微生物群与我们健康的各方面有着密切的联系。随着对微生物群的科学研究的推进，我们预测，这些微生物居民将渗入人体生物学的方方面面，从我们的心血管健康到精神健康。

帮助微生物群蓬勃发展

尽管仍需要许多研究才能解开微生物群作用的来龙去脉，我们认为已有足够坚实的科学证据让我们开始调整饮食和生活方式，优化微生物群的健康，进而优化我们的整体健康。在我自己家，我们已经利用对微生物群的认识对生活方式进行了重大改变。实验室和世界各地的微生物学家们的经验指导我们吃什么、应该给孩子带什么午餐、如何清理房子以及如何度过我们的业余时间。目前已有很多关于微生物群从婴儿出生开始的不同年龄段是如何变化的信息。通过了解我们是如何第一次获得微生物群，它们吃什么、怎么吃，它们是如何融入我们的免疫系统和其他部位的，以及使用抗生素对其产生的影响，我们可以做出明智的选择，最大限度地增进它们的健康和可塑性。

第二章
与我们终生相伴的
微生物群体

在出生之前，人体是无菌的，体内没有任何微生物——这是你一生中唯一一段作为纯粹的人类细胞体的时间，一旦离开母亲安全的子宫，你就开始了与微生物的终身相伴的关系。进入产道后，你立即开始拥有一个更复杂的身份，你就变成了人体微生物超个体，你将以这样的形式生活，正如海洋中一个上升的新岛屿，随着时间的推移变成了充满鸟语花香的风景地一样，新生儿的身体也渴望着被微生物充满，并且为这些微生物居民提供了空旷之地。

首批微生物群

新出生的婴儿在很多方面发育都是不完全的。一些人把不大于3个月的婴儿称为怀孕的第四阶段，将婴儿紧紧地裹在襁褓之中，并且尽可能多的制造白色噪声来重新模拟子宫环境。花时间照顾过新生儿的人都可以证明，这些婴儿似乎对母体外的生活还没有做好准备。婴儿的消化系统在出生时也是不健全的，保护肠壁的黏液只有薄薄一层，这使婴儿的肠道暴露在可能入侵的有害微生物之下。没有微生物群的老鼠拥有极其脆弱的黏液层，在碰到肠道细菌时会迅速变厚。和老鼠一样，当细菌进入新生儿体内时，复杂的人类基因活动爆发了，由此产生的活动之一就是形成的黏液层完全紧贴肠道黏膜，并且其黏度和厚度增加以保护肠道的完整性，我们可以把这层黏膜看作是黏性的内部盔甲，保证细菌和婴儿肠道细胞之间的安全距离，最大化降低"坏"细菌试图渗透肠壁、进入血液、引起全身感染的风险，创造这样的屏障需要付出巨大的努力。由于我们的小肠可长达9米，保护小肠表面所需的黏液层可以铺满一个180平方米的房子的整个地面。与早期细菌的正面相遇可以为黏液层起作用、让婴儿的免疫系统如何回应"好"细菌和致病细菌、病毒、寄生虫甚至过敏源做好准备，如果黏液屏障的形成不当，可能会造成细菌或毒素的入侵。

与成年人的肠道不同，新生儿的肠道中仍有从生活过的子宫里带出的氧气，首批进入婴儿体内的微生物群的任务就是消耗掉这些剩余的氧气（同时能够容忍氧气的存在）来创建一个无氧的环境。可以这么说，这些早期的细菌移民者耕耘土地，为新一批无氧细菌准备适当的肠道环境，使后来者在无氧环境中茁壮成长，成为终身居民，但是，哪种细菌形成最初的微生物群是由孩子来到世界的方式决定的。

顺产的婴儿首先接触到的是妈妈产道和肛门的微生物群。母亲的产道中通常含有大量乳酸菌，这种耐氧菌常存在于顺产婴儿的肠道微生物群中。在通过了充满微生物的产道后，以典型的面朝后方式出生的婴儿在生产过程中受到母亲末端结肠的挤压（想象我们挤一管牙膏），使新生儿接触到母亲的大量微生物群，虽然这听起来可能不卫生，但是，我们伴随着健康剂量的母体细菌来到这个微生物世界很可能不会出现问题。事实证明，母亲可能不会为你选择朋友或配偶，但她在你的长期细菌伙伴的选择上有巨大的发言权。对母亲肠道内的粪便细菌种类已有可靠的跟踪记录，而且这些经过"预先测试"的肠道微生物将在入住新生儿肠道的过程中获得第一次机会。由于婴儿体内的微生物群看起来更像自己母亲的阴道微生物群，因此，母亲除了为孩子提供一半的基因之外，也在传承着她的微生物群。

剖宫产婴儿与细菌的第一次接触则非常不同，他们首先接触到的是来自皮肤的细菌，与自然生产的方式确实不同。与顺产为新生儿提供的母体微生物不同，剖宫产婴儿不会接受特定于母体皮肤的微生物，他们的最初微生物群并不是在自然生产时"继承"的阴道微生物群。科学家们还不明白为什么会出现这种情况，有可能是暴露在医院其他物体的表面或是医护人员的皮肤的微生物，使得母亲的影响看起来不那么明显。剖宫产婴儿的微生物群往往含有一种叫作变形菌的细菌并且其体内的双歧杆菌少于顺产婴儿——这是不太理想的菌群组合，你将在本章后面了解到。由于美国有超过1/3的生产是剖宫产，因此了解我们和细菌的第一次接触是如何影响我们的微生物群和长期的健康比以往任何时候都重要。最近已经有大量的研究侧重于剖宫产婴儿以及他们患肥胖、过敏、哮喘、乳糜泻甚至蛀牙的倾向，而有很多研究结果对非正常分娩而错失与母亲阴道微生物接触的剖宫产儿来说是不好的消息。在许多情况下，为了保证婴儿和母亲的健康，剖宫产是完全有必要的，但是现在既然我们知道了生产方式对新生儿微生物群的获取有如此重要的影响，我们可能需要考虑确保新生儿最开始接触的细菌是最有益的。

罗伯·奈特是加州大学圣地亚哥分校的教授，也是检测细菌分布的专家，他正在帮助领导地球微生物组工程，这项工程致力于描述全球范围内的微生物群，从最深的海洋到最干燥的沙漠。他还在鉴定人体各个部位的细菌方面取得了不错的进展，并通过美国肠道工程把此服务提供给希望了解自己微生物群的人。通过获得所有与人类相关的细菌的信息，科学家能够创造一个基线来识别微生物通常在哪出现，并运用这个基线来鉴定某些微生物是否会引起疾病。

奈特和他的妻子最近通过剖宫产的形式迎来了他们的孩子，由于敏锐地意识到剖宫产和顺产婴儿微生物群存在的差异，奈特和妻子决定采取一些行动：他们把孩子母亲的阴道分泌物涂抹在女儿身体多个部位，以确保她接触到本该在母亲产道里接触到的细菌。虽然这种方法看起来有点粗俗，但是考虑到孩子的微生物群，这可能是最好的模拟顺产的方式。这种做法目前还属于非主流，但是不难想象，这种做法可能在不久的将来伴随所有的剖宫产，然而，在采取类似的措施之前，一定要咨询了解你的具体情况的医生。

我们的两个孩子都是剖宫产出生的，那时我们还不知道生产方式如何影响早期微生物群，如果我们早就知道，也会考虑奈特夫妇的方法了。雪上加霜的是，我们的第一个孩子在出生后几个小时内就注射了抗生素，这无异于在她的微生物群形成时的两记重拳。我们提到这个是为了说明，即使你有最好的意图和丰富的知识，在某些情况下你对微生物群却做了坏的选择，那时我们获得的信息来自一个早产儿的益生菌保健品。

早产：微生物群的形成被打断

早产儿往往面临一些医学问题。根据早产发生的时间不同，早产儿可能会有神经问题、肺发育未成熟、感染的风险增加，他们的胃肠道也没有对微生物世界做好完全准备，由于肠道发育不成熟，早产儿患上坏死性小肠结肠炎的风险大大增加。这是一种毁灭性的疾病，婴儿的免疫系统对肠道炎症产生过度的反应，导致婴儿的部分肠道组织坏死，一旦坏死的过程开始，婴儿的生命往往很难拯救，有20%~30%的新生儿因为坏死性小肠结肠炎而夭折。虽然目前还不清楚什么情况造成了坏死性小肠结肠炎的发病，但是患有这种疾病的早产儿和健康婴儿的微生物群有一些不同。早产儿已经比足月产儿微生物群的细菌种类更少了，有坏死性小肠结肠炎的早产儿与健康早产儿相比又有更少的细菌类型以及大量在不健康身体内出现的细菌。患有坏死性小肠结肠炎的早产儿的"被改变的"微生物群甚至在出现症状的前3周就开始变得明显。科学家们已开始怀疑微生物群的多样性低以及细菌种类不理想会导致坏死性小肠结肠炎，如果真的如此，给这些新生儿补充有益菌就能够保护他们免于患上这种破坏性的早产并发症吗？

补充有益菌（如乳酸菌）的早产儿比没有接受细菌疗法的婴儿患上坏死性小肠结肠炎的概率要低。这些细菌能够阻止坏死性小肠结肠炎的确切原因还没有被完全研究出来，但是有一些线索提示它们可能扮演的角色。似乎肠道发育完全和免疫系统的完善需要从细菌开始，这甚至对足月婴儿来说也是必要的。对早产儿来说，由于他们的肠道免疫系统不够发达，他们的肠道可能更易接受像乳酸菌之类的细菌，这些细菌提供了肠道和免疫系统成熟的信号，以抵御问题细菌、控制炎症，同时，有益菌可以作为肠道的守卫者，有效防止致病细菌的停留。在出生早期拥有一个良好的"启动"微生物群对健康会产生巨大影响。

尽管我们的女儿出生时足月，但由于早期肠道微生物群重要性的知识已在我们脑中形成，这让我们了解益生菌可能有助于缓解由于剖宫产和随后的抗生素治疗造成的不太理想的微生物群的影响。在我们带她回家的2周内，我们把乳酸菌GG胶囊里的东西放进她的嘴里，显然这不是一个科学严谨的安慰剂对照研究，所以没有办法确定乳酸菌对她的微生物群或健康有什么影响，然而，有趣的是，她没有经历过婴儿阶段有时会经历的一些严重问题，比如口腔真菌感染，即鹅口疮。

酵母不是细菌，因此不是抗生素直接针对的目标，但是我们体内的细菌可以通过占用空间来帮助我们控制体内酵母的数量。考虑此问题的一个方法是想象一个苹果手机商店在早晨发布了最新的苹果手机，商店门打开后，人群如洪水般涌入，他们中的许多人等了一夜，吵吵着要这些最新的高科技产品，在某种程度上，商店的物理空间被挤满，其他人无法再进入，微生物能够占据的我们身体内部的空间，就像苹果手机商店的空间一样，是有限的。有益菌可以占用空间，从而限制酵母的蓬勃发展，正如对早产儿补充有益菌的研究，肠道内填满良性细菌排除了致病菌并将坏死性小肠结肠炎的风险降到最低是有可能的。首先让最有益的细菌在肠道内大快朵颐是阻止我们不想要的微生物的有效方法。就我们女儿的情况来说，她早期使用抗生素可能阻碍了最初的细菌先锋征服她的肠道的努力，这种情况可能给有害微生物群提供了占领她的身体的机会。

我们愿意这样认为，通过补充有益菌，在她早期微生物群形成的时候，我们已经帮助她保持了体内微生物群的平衡。

怀孕：微生物群变化的时期

如果你曾经目睹或经历过一个准妈妈经常迫切想要布置周围环境的情形，你就知道怀孕能带来的巨大的行为变化：用绘画和装饰来创造完美的育儿室，整齐地堆放新洗过的婴儿衣服，并且在商店花上无尽的时间，来挑选摇篮、儿童汽车安全座椅和有弹性的椅子。孕妇的身体也在为孩子的出生做着准备：放松骨盆关节、缓解宝宝出生时受到的压力，开始分泌初乳以随时确保孩子出生后的营养。但她的身体的另一部分——微生物群也为新生命的到来做好了准备。

我们第一次见到露丝·莱雷时，她也像我们一样，是圣路易斯市杰夫戈登实验室的一名博士后研究人员。露丝对穿上胶鞋、进入墨西哥的沼泽中找出复杂的微生物生态系统毫不害怕。现在她是康奈尔大学的副教授，并集中研究微生物群。露丝和她的研究小组决定将目光放在了解复杂的肠道生态系统对怀孕的反应，后者是一个女人能体验到的最大的生理变化。

怀孕期间，女性的身体变成了一个孵化器，差不多是一个无菌的隔离室，滋养和保护其新形成的生命。露丝觉得有道理的观点是，在伴随怀孕的所有变化中，微生物群也有可能随之变化。露丝的科学家小组研究了91个孕妇在整个怀孕期间的微生物群。他们收集许多信息，包括这些女人都吃些什么，是否经历了妊娠期糖尿病，甚至继续研究了婴儿出生之后4年时间的微生物群。他们发现，和女性生物学很多其他方面相同的是，微生物群从怀孕3个月到怀孕后期发生了戏剧性的变化。妇女在怀孕后期比刚开始怀孕时有更少类型的细菌，换句话说，微生物群的构成变得更简单，随着妊娠的进展越来越失去多样化，事实上，怀孕最后3个月的微生物群就像肥胖者体内的微生物群一样。

为了看看这种"第三孕期"微生物群对其宿主有什么影响，露丝给一群正常非孕小鼠移植了所谓的"第三孕期"的微生物群。尽管两组老鼠吃同样数量的食物，而且没有怀孕，那些有怀孕后3个月微生物群的老鼠的体重比带有"怀孕前3个月"微生物群的同伴增加得更明显。组成"第三孕期"微生物群的细菌能够从相同数量的食物中摄取更多的热量，并且以额外增加体重的形式来存储这些热量以供这些细菌为食。从进化的角度来看，最大化摄取热量的能力非常有利于母亲和婴儿的发育，当她非常需要很高的热量来养育成长中的孩子时，从更少的食物中获得更多的热量能减少母亲的负担。

但是露丝的研究小组也注意到，被称为"第三孕期"的微生物群除了导致体重增加外，还有可能增加炎症，这好像是人们不希望看到的效果。女性在怀孕后期携带更多的变形菌，这种细菌存在于肠道炎症和身体失调时，同时她们携带更少的柔嫩梭菌，这种细菌有助于减少炎症。这种怀孕后期的诱发炎症的微生物群转变似乎违反常理，因为这些细菌将是孩子们来到世界上首先接触到的细菌，怎么会有母亲希望自己孩子的第一组细菌与炎症联系在一起呢？

令他们吃惊的是，当露丝的团队检查新生儿的微生物群时，他们发现，这些微生物更像是母亲"怀孕前3个月"的微生物群，而非诱发炎症的"第三孕期"微生物群，为什么会出现这种情况还不完全清楚。也许怀孕后期成长的肠道细菌不适应婴儿的肠道，所以在婴儿出生过程中没有生存下来。"怀孕前3个月"的细菌虽然数量减少，但这些细菌仍然会出现在怀孕的最后3个月里，这些细菌似乎能在婴儿肠道内最好地生长，看来，新生儿出生时的肠道功能有点像一个分类专家：不管有什么种类的细菌进入，婴儿的肠道会选择将哪些留下，哪些放弃，其中一些分类肯定是由孩子的遗传因素决定，但越来越多的证据表明，环境因素对决定婴儿肠道内的细菌种类也是至关重要的。

母乳：婴儿微生物群的"设计师"

婴儿出生后前几个月，体内微生物群都在发生着变化。在微生物大量繁殖时期，某些物种变得非常丰富，然后不知什么原因消失了。在2007年，斯坦福大学的一项研究观察了14个婴儿从出生到1岁期间的微生物群变化，在生态系统中，物种的形成和发展的顺序是由一系列规则支配的，行话叫作"继承"，这些研究人员希望能够发现一组指导原则，一个路线图，来描述一个婴儿是如何从无菌状态变为拥有完整而复杂的微生物群的。然而，他们发现，肠道微生物群的变化似乎是一个混乱的过程，典型的表现是极强的不稳定性，并且他们发现14个婴儿中，每个人的情况都是独一无二的，只有两个孩子在这一年中有某些类似的微生物群，他们是被研究的14名婴儿中唯一的一对双胞胎。由于异卵双胞胎有许多共同的基因以及类似的环境，因此很难说到底是先天还是后天的因素造成了这种相似的微生物群。

这些看似杂乱无章的微生物群反映了我们对不同细菌之间复杂的相互作用试图从头开始建立一个稳定的微生物生态系统还理解不

清。通过多年对婴儿微生物群的研究，科学家们有可能会发现一些规律，来解释细菌如何在这个原始的环境中形成复杂的群体，显然人类如何获得和维护身体内部的微生物伙伴还有待研究和发现。

虽然人体内早期的微生物群形成有明显的随机性，但是很明显，大自然并没有真正地任由微生物自由发展。世界上大多数婴儿吃到的第一种食物是母乳，母乳为孩子提供了最好的生存机会。母亲为母乳的产生投入了大量的资源，为了给一个孩子提供足够的乳汁，母亲可能需要每天多摄取大约2029千焦的热量（500卡），相比之下，怀孕时只需要每天摄取大约1254千焦的热量（300卡）。母乳的营养成分表看起来像是超级营养品名录：它富含脂肪、蛋白质、碳水化合物和许多其他促进健康的化合物，为婴儿提供了完整的营养；它充满了特殊的抗体和其他免疫分子，给免疫系统还在发育中的婴儿带来被动免疫保护；母乳还含有一个不太知名的特殊成分，称为母乳低聚糖，缩写为HOMs。

母乳低聚糖是一种复杂的碳水化合物，是母乳中除脂肪和乳糖外含量第三多的分子。它的化学结构非常复杂，复杂到人类没有能力将其消化，没错，母乳的主要成分之一是婴儿消化不了的东西。为什么母亲把宝贵的精力用在宝宝不能吃的东西上？答案就是，母乳低聚糖不是用来喂养婴儿的，而是为他们体内的微生物群提供食物。微生物群有多达2500万个基因，它们有能力消化和吸收母乳低聚糖中的能量。哺乳期的妈妈不仅仅给她的宝宝提供食物，还要给宝宝体内100万亿个细菌提供食物，而且每当尿布脏了的时候，她还不得不去更换和清洗！

绝非偶然的是，得到母乳低聚糖最好滋养的细菌（如双歧杆菌），似乎也最有可能存在于健康宝宝的肠道中。但母乳低聚糖不仅给婴儿在这一阶段需要的有益菌提供食物，还帮助播种另一种有益菌——由阿比盖尔·赛耶斯和其他人研究的拟杆菌，拟杆菌有着能让植物茁长成长的惊人能力。母乳低聚糖通过让拟杆菌获得早期优势，为婴儿食用固体食物做着准备。母乳低聚糖精心策划着婴儿进食固体食物后的微生物群发展的重大转变。在孩子生活的方方面面，母亲尽最大的努力指导她的孩子在她无法控制的体内微生物世界做出最明智的选择。在分子层面，母乳低聚糖也说明母亲是如何指导孩子生命的另外一个过程的，即受外力影响的因素——微生物群。

母亲也通过母乳给婴儿提供活菌，但目前尚不清楚这些奶中的细菌是如何产生的，它们是储存在哺乳期母亲的乳房中吗？它们是一个单独的母乳微生物群，还是来自母亲身体的其他地方，比如肠道，再通过母亲的乳房，最终到达婴儿体内？被输送的细菌是什么类型？这对孩子的健康意味着什么？这些问题目前还无法用科学的方法找到答案，但有一点很明显，就是母乳照看着孩子的微生物群来确保最有益者保存下来。

这些发现使婴儿配方奶粉公司敏锐地意识到，他们的产品在喂食婴儿微生物群时有巨大缺陷。考虑到微生物群健康，一些婴儿配方奶粉公司用"优质"配方来做宣传，试图模拟母乳的成分，其有一种这样的添加成分——低聚半乳糖，一种人工制造的碳水化合物，但在模仿母乳低聚糖的化学结构和其对微生物群的影响方面还差得很远，一些配方奶甚至添加了活性益生菌。目前几乎没有数据显示这些添加剂有助于产生近似于母乳对婴儿和他体内微生物群的全面影响，你可能同时会想，这些优质的配方也会带来高昂的花费。按照定义，母乳低聚糖是人类特有的，没有其他动物产生的混合碳水化合物与其完全一样，因为其化学复杂性，母乳低聚糖非常昂贵，需要相当一段时间才能进行工业化生产。如何选择添加配方的益生菌只是凭借一种最好的猜测，因为什么类型的益生菌适合婴儿仍然是未知的。虽然这些企业也试图优化配方来更好地服务于微生物群，并通过以前的生产经验使产品有所进步，但是这些只是50年的科学研究和营养工程的产物，相比之下，母乳是数千年来人类进化的结果，尽管人类是了不起的工程师，我们花了一大笔钱，但最后还是进化的力量创造了婴儿的最佳营养品。

美国儿科学会建议6个月以内的孩子使用母乳喂养，然后结合固体食物继续母乳喂养6个月。世界卫生组织则推荐母乳喂养最好超过2年，如果无法按照这种建议完全用母乳喂养，则鼓励母亲尽可能多地提供母乳。即使是较少数量的母乳低聚糖和母乳细菌（更不用说母乳中发现的大量其他促进健康的物质），也能对出生后第一年的婴儿肠道微生物群的建立提供帮助。我们知道，婴儿的微生物群在1岁前是不稳定的，我们猜想在第一年里提供一些母乳是有益的，这听起来很合理，我们选择母乳喂养我们的孩子，也知道母乳喂养是多么的困难。虽然艾丽卡也努力给孩子喂奶，我们的第二个孩子却没有吃到太多的母乳，因为知道母乳对孩子的健康是多么的重要，所以我们曾多次向一名哺乳专家寻求帮助。

很明显，我们的社会所犯的错误之一是没有采取足够的措施促进母乳喂养。记住，你提供给孩子的母乳是在帮助他的微生物群走上正确的轨道。

微生物引发的小儿疝气

大多数初为父母的人在孩子出生时都喜出望外。在迎接第一个孩子到来的时候，我们常对新生儿的生活是什么样子有浪漫的想象，虽然知道要承担换尿布和深夜喂奶的艰巨任务，许多家长仍然忍不住去想象悠闲地推婴儿车散步和孩子那带着微笑入睡的模样。但是对大约1/4的婴儿来说，这些幸福的时刻可能少之又少，大多数时间他们都在不停地哭，这些是得了疝气的婴儿。

对父母来说，哭个不停的婴儿看起来令人沮丧和无助，再多的安慰似乎也不管用。有不计其数的书中描述了婴儿疝气和许多"治疗"方法，从顺势止哭水到通过插入导管进行直肠给药，再到缓解胀气的婴儿胀气肠绞痛棒，这些非传统的疗法反映了父母照顾疝气婴儿的绝望感受。

越来越多的科学证据表明，肠道微生物群对婴儿疝气的病情和严重程度可能发挥作用。以威廉·德·沃斯为首的一群荷兰科学家对24个婴儿出生后100天的微生物群进行了观察，其中一半的婴儿有疝气，另一半没有。他们发现，有疝气的婴儿的微生物群不如没有疝气的婴儿更加多样化。引人注意的是，患有疝气疼痛的婴儿肠道内有更多的变形菌门细菌，而双歧杆菌和乳酸菌则较少，这使得我们想起剖宫产和配方奶粉喂养的婴儿的微生物群。我们的女儿经历了剖宫产和在出生才两天就注射抗生素，她也患有疝气，虽然我们不知道她的微生物群是什么样子，但我们根据情况猜想，她体内的微生物群可能缺乏多样性，变形菌太多，而乳酸菌或双歧杆菌不足。

如果我们在第一个孩子出生时知道了疝气和微生物群之间的联

系，我们会继续给她补几个月的乳酸菌来缓解她的不适，如果乳酸菌没有帮助她缓解症状，我们会尝试更多类型的益生菌，直到我们找到有效的那一种。今天有很多婴儿益生菌供我们选择，如果你发现自己的孩子有疝气疼痛，如何选取这些益生菌值得和孩子的儿科医生讨论一下，通过母乳提供母乳低聚糖是另一种促进乳酸菌和双歧杆菌的生长并且有可能缓解疝气困扰的方法。

断奶：保持长期微生物群健康的机会

婴儿在出生后6个月左右开始食用固体食物，在这一过渡期，给婴儿换尿布时可以发现固体食物使婴儿的消化系统产生巨大的变化。当婴儿开始吃固体食物时，微生物群经历了根本性的转变，开始变得像成年人的微生物群。一项对婴儿2.5年的跟踪调查完美阐述了微生物群从婴儿期到一个更稳定的、几乎和成人一样的发展。在2.5年的研究中，60多个婴儿粪便样本被收集，婴儿饮食变化和健康事件被详细记录下来，在这一研究中，微生物群最显著的变化发生在首次引进固体食物——豌豆时。婴儿首次尝试吃植物类食品造成了微生物多样性的大爆发，不同种类的细菌突然间在婴儿的肠道内生根发芽。从直观层面讲，这种变化是有道理的，新型食物给肠道细菌带来了新能源，给新型细菌的苗壮成长打开了大门，更令人惊奇的是这些新型细菌在吃掉豌豆后的出现速度——在1天之内，就像透视把戏一样，微生物群在豌豆出现之前就早已做好了准备。

引入固体食物之前的取样显示，尽管还是主要以母乳为食，婴儿的微生物群中已经包含了最适合固体食物的细菌，也许它们的数量不多但却已经存在。这怎么可能呢？微生物群收到了提前的通知——母乳低聚糖，这种母乳中的特殊微生物群的食物充当了"信号兵"的角色。母乳低聚糖提供足够的食物让降解植物的细菌在婴儿只喝母乳的阶段存活下来，然后，当植物食品首次造访时，这些细菌已经存在并做好了快速生长的准备。

断奶是人的一生中最引人注目的微生物群重新规划的时期之一。由于微生物群的这种可塑性，它们对饮食变化会产生相应的反应，让孩子吃能够优化微生物群的食物是有道理的。和很多父母的做法一样，刚开始让第一个孩子接触固体食物时，我们首先选择了蔬菜，如豌豆、胡萝卜、西蓝花（当然都是泥状的），然后是水果，这种先蔬菜后水果的原因是如果孩子一开始吃了太多的水果，他们就不喜欢很少有甜味的蔬菜了。除了蔬菜和水果，我们还给女儿喂大米麦片粥、麦片、其他类型的谷物、奶制品和肉类，等她长大一点，我们开始给她喂我们自己吃的食物，而不再购买专门的婴儿食品，也总是避免儿童菜单食谱，我们的想法是希望她形成一个对"真正"食物的口味，而非麦当劳、奶酪和鸡块等儿童食品。在世界各地的文化中，婴儿的第一种固体食物往往是把大人们吃的东西捣碎，从印度的大米、扁豆与香料的混合物，到中东地区的鹰嘴豆泥，甚至北极的海豹脂肪，这种方法能确保婴儿早日培养出吃成年人食物的口味。

用我们自己的食物喂养女儿的计划在她3岁时遇到了阻碍，她开始有便秘的问题，这个问题越来越严重，导致女儿大多数如厕都在痛苦排便的泪水中度过。她的问题迫使我们检查喂给她的食物是否正确，推而广之，我们自己吃的食物是否合适。我们列出了所有常用食品的品种和类型，这种关注在很大程度上是出于微生物群和胃肠道健康是我们的专业领域，我们觉得，所有的孩子都不该有肠胃问题。

令我们吃惊的是，我们发现我们的饮食相当单一，并且膳食纤维含量较低。详细的分类是至关重要，因为在这次实践之前，我们认为自己的饮食充满了水果、蔬菜和全谷类食品，但是我们太放任自己，选择了种类有限的精制面粉制品、奶酪和少量蔬菜。当我们初为人父母时，我们白天大部分时间在工作，晚上睡前的时间照顾孩子，我们和孩子之间的宝贵的相处质量略低。为一家人愉快的交流、微笑和没有隔阂而准备晚餐是一个极具吸引力的选择，看着我们的女儿面带微笑，狼吞虎咽地吃着晚餐，我们的心里就有一种与生俱来的满足感，即使晚餐只是意大利面拌芝士酱，或是玉米烙饼夹奶酪。我们意识到我们现在的食物选择是不当的，它们都是现成又便宜的，通常我们的决定都被天生的饥饿感和疲劳左右，我们可以迅速摆出什么食物，让有挑剔口味的孩子也满意？

我们决定对饮食进行一次大变革。我们努力地、近乎痴迷地观察我们摄入的膳食纤维的数量和种类，成袋的白米、白面、意大利面和几乎所有的彩色包装品（通常是劣质食品的标志）从我们的储藏室被扔掉，空空的架子上重新摆满了原始谷物如藜麦、小米、野生稻和各种豆类。我们的蔬菜摄入量增加到我们的冰箱保鲜室根本盛不下，我们没有完全淘汰肉类，但是我们经常以黄豆和扁豆等豆类作为主要的蛋白质来源。在改变饮食的几天内（包括从植物中获取更多的膳食纤维），女儿的便秘症状消失了，而且之后也再没有发生过，我们的第二个女儿是在改变饮食方式之后出生的，她从一开始就不存在任何肠道不通的问题。这次经历给我们上了宝贵的一课：只有你自己吃的健康时，用这些食物来喂养孩子才有意义。健康饮食和健壮的微生物群需要全家的努力。

我们认为大女儿的剖宫产可能让她形成了错误的微生物群，她体内的那些微生物在很大程度上来源于皮肤，并且被随后使用的抗生素进一步分化了，再加上我们不理想的饮食方式，可能导致了她经常便秘。如果没有我们的膳食干预措施，这些问题可能会加剧，导致她长大后一些更加严重的问题，如肠易激综合征或炎性肠病。因为担心不健康的微生物群影响她一生的健康，我们毫不含糊地坚持了这种植物性饮食。在我们的饮食结构变化之前，说服一个蹒跚学步的孩子吃清蒸蔬菜，或与她在餐桌上斗争，看起来像一个令人痛苦的任务，但是我们很快发现，尽管最初很艰难，但是利用吃饭时间告知我们的孩子健康饮食的好处是值得的。

事实上，我们让孩子接受健康饮食的方法是教育和灌输的结合。她们看到盘子里的水煮西蓝花时一点也不激动，但是在饭后我们会讨论使她们变得"高大强壮"的重要性，保持健康和避免疾病的重要性，然后我们讨论是她们肠道中的微生物使她们保持健康，反过来，这些微生物"指望"她们输送一些蔬菜的话题。这一过程持续了5年，我们偶尔会屈服于她们的意愿，允许偶尔的破戒，不吃特别不受欢迎的蔬菜，但是次数很少。这是一项艰难的工作，但我们在这个过程中学会了一些技巧：一份健康的甜点，例如一小块黑巧克力，可以给孩子们提供强大的动力去喝完一碗扁豆汤，就像许多其他需要给孩子灌输的事情（如文化价值观和社会规范）一样，我们练习对孩子进行"洗脑"，坚持告诉她们吃健康的食物是唯一的选择。在我们的文化中，每年11月的最后一个星期四，全家人会聚在一起吃大餐，在棒球比赛前的奏国歌环节全体起立，当孩子换牙时把牙藏在枕头底下留给牙仙，就像其他类似的惯例一样，通过饮食来支持我们的微生物群健康就是我们家的惯例。垃圾食品在我们家里从来都不是一个可行方案，同时，作为家长，我们吃的和提供给孩子的一样，我们在不断建立良好的饮食习惯，可以说是说到做到。

今年我们的孩子分别6岁和9岁了，当我们问她们为什么吃蔬菜时，她们会回答："因为它们好吃。"我们已经完全把健康食品的"教义"灌输给她们，现在，即使用橄榄沙拉做晚餐她们也不会眨一下眼睛。

如果你担心自己的孩子太挑剔，将含有更多膳食纤维的植物作为食物会不被他们接受，那就想想看这种情况：世界各地的儿童会吃昆虫、动物内脏和许多其他西方人会觉得恶心的东西，他们吃这些是因为这些食物是他们文化的一部分，因为其他的选择是有限的，想到吃昆虫和动物内脏的孩子如何忍受这些东西，我们就不会对"因为它们好吃"的回答感到惊讶了。

抗生素：微生物群形成过程中的"天敌"

孩子生病以后使用抗生素治疗，似乎是西方父母的一种仪式，虽然给孩子开的抗生素处方数量已经减少，但许多人仍觉得太多。抗生素能杀死细菌，每次使用抗生素时，主要由细菌构成的肠道微生物群都会遭受巨大的间接伤害，这种意外杀死我们体内友好的微生物群的行为，会导致短期和长期健康的灾难性后果。

对婴儿微生物群的研究表明，婴儿吃固体食物使体内微生物群多样性出现爆发式增长，但是与多样性相反的趋势出现在使用抗生素之后。在第一次使用抗生素后，孩子的肠道微生物群多样性降低了，这个观察结果并不意外。大多数抗生素用途很广泛，也就是说，它们能杀死多种细菌，除了致病菌外，抗生素还进攻构成我们微生物群的"好"细菌。如果孩子在使用抗生素以后再次感染，也不得不重复使用相同的抗生素，肠道微生物群的多样性不会受到先前那么大的打击，这显示孩子的微生物群已经适应了抗生素的二次进攻。

这项研究揭示了抗生素影响微生物群的两个重要方式：首先，抗生素可直接杀灭肠道细菌。其次，即使在治疗结束后恢复，作为一个团体或生态系统的微生物群也可能变得永远不再一样，经过一个疗程的抗生素治疗后，肠道微生物群就适应了。对婴儿来说，当再次被相同的抗生素进攻时，微生物群会更加有抵抗力，这种适应能力是短暂的还是永久特性目前还是未知，但是目前的证据显示，微生物群在使用抗生素后的恢复并不完善。因为微生物群是与免疫系统功能联系在一起的（更多详情见下一章），对这个群体的改变会引起潜在的更大问题。儿童使用抗生素会增加患一些疾病的风险，如哮喘、湿疹甚至肥胖。抗生素的使用和对微生物群的后续影响是如何导致这些疾病的尚不清楚，但是似乎干扰微生物群可能会导致一些看起来和肠道毫不相干的问题。

限制体重的微生物群

几十年前，农民就知道给牲畜如牛、羊、鸡、猪注射低剂量的抗生素可以使它们的体重增加15%，因为肉是按重量出售的，增加体重意味着可以为这些农民带来额外的利润，动物越早使用抗生素，就会增加越多的体重。按照规定，美国孩子平均每年只能接受一个疗程的抗生素，这一事实使得科学家们怀疑，是否是因为早期频繁接触抗生素，使得我们的孩子体重增加？

像农场中的动物一样，小时候接受低剂量抗生素的实验室小鼠身体脂肪比例有所增加。随着体重增加，这些老鼠的微生物群就像一个肥胖的人的微生物群一样，与精瘦的人完全不同。让接受抗生素的老鼠与对照组的老鼠摄取相同热量的食物，接受抗生素的老鼠能够以增加体重的形式更好地吸收和存储这些热量。依赖于微生物群构成的热量吸收系统可以解释动物使用抗生素后体重增加，甚至可以解释为什么儿童使用抗生素后肥胖率上升。

一项对超过1.1万个使用或没使用过抗生素的英国儿童的对比研究发现，这些儿童在体重方面有显著的差异。在很小的时候（6个月之前）使用抗生素的孩子的平均体重比同龄的不使用抗生素的孩子要高。6个月至3岁使用抗生素的孩子很有可能也比未使用的孩子更重，但效果不像更早接受抗生素的孩子那么明显。在1~2岁期间接受抗生素的儿童，在接受治疗后的5~6年里，体重均明显高于在这一年龄段中未接受过抗生素治疗的同龄儿童。这些研究说明，在出生早期使用抗生素可以直接影响微生物群的构成，更令人不安的是，使用抗生素对以后很长时间的体重增加和肥胖都可能有作用。

婴儿的微生物群培养

关于新生儿微生物群的建立，下面5种做法可以让微生物群有最好的开始。

首先，如前所述，孩子出生的方式很重要。顺产（经母亲产道出生）使婴儿接触到所需要的细菌，然而，如果不能顺产，就像我们的两个孩子，你可以与你的医生讨论将母亲的阴道分泌物抹在新生儿身上的可能。

第二，提供益生菌可以作为很多影响因素如早产的缓冲，因为早产会使婴儿的第一个微生物群不太理想。市场上有许多可用的益生菌，如果婴儿患有疝气或最近注射了抗生素，也可以用益生菌来治疗。在给孩子使用益生菌之前，与儿科医生讨论益生菌是否适当并且决定哪些类型的益生菌最适合是非常重要的，不幸的是，由于每个人的微生物群不尽相同，经常需要反复试验才能找到效果最好的益生菌，我们将在接下来的章节详细说明如何做到这一点。

第三种影响婴儿微生物群的方法是母乳喂养。无论出生的方式如何，母乳喂养为提供"母体"益生元和益生菌提供了一个很好的机会。我们的第二个孩子通过剖宫产出生，但是没有使用抗生素，我们觉得提供的母乳就足以帮助她缓和不太理想的首个微生物群的影响。如果不能做到纯母乳喂养，你可以跟儿科医生讨论使用一种包含益生元或益生菌的配方奶粉，但请记住，任何数量的母乳对孩子都有帮助，所以即使只能在晚上睡觉前为孩子哺乳也行，母乳和其中的母乳低聚糖对于为成长中的孩子塑造健康的微生物群有所帮助。

孩子的生命中总会有一些时候无法避免抗生素，然而，第四个关于微生物群问题需要记住的是，抗生素会对微生物群产生远期影响。我们对抗生素影响微生物群，以及最大限度减少抗生素对肠道的影响的新理解是至关重要的。提供母乳是减少抗生素的附带损害的很好的方式，以母乳低聚糖和母乳中的其他营养物质的形式为孩子提供微生物群食物，可以为使用抗生素过后肠道微生物群的恢复提供帮助。在缺少母乳的情况下，含有益生元和益生菌的配方奶粉可以帮助婴儿恢复肠道健康。对已经断奶并开始吃固体食物的孩子来说，需要考虑和开抗生素处方的医生讨论一下益生菌补品、酸奶或其他发酵食品的使用。益生菌是否有助于对抗使用抗生素的长期影响目前还不得而知，但是，益生菌可以保护婴儿免受病原菌引起的腹泻这种常见的副作用。

最后，也是最重要的，就是断奶为家长帮孩子建立终身健康的饮食习惯提供了很好的机会。保持健康的肠道微生物群的习惯有益于他或她的一生。让孩子们吃正确的食物，可以说是一场消耗战，即使你的孩子抱怨或拒绝，也要坚持健康的选择。在孩子乐于接受新事物之前通常需要几次尝试，甚至更长时间的努力，直到他们喜欢吃一种新食物，关键是不要放弃和屈服于孩子的非健康选择。我们所使用的方法之一是向孩子们解释，肠道微生物群是一种生命形式的守护者，这些微生物住在他们身体里，需要得到照顾，我们解释说肠道微生物会饿，虽然一些食物是为我们自己，我们还需要提供食物给我们的微生物群。在解释这些术语时，孩子们会更愿意吃完他们盘里的蔬菜了，他们觉得这是在帮助他们的"宠物"。在本书的最后一章，我们将详细讨论什么类型的食物对微生物群最好，同时也对孩子们有吸引力。肠道微生物群的培养从孩子一出生就开始了，开始时做得越好，就越容易帮助孩子在生活中维持微生物群和身体的健康。

第三章
调节免疫系统

肠道微生物群与疾病

在过去的半个世纪中，西方国家的过敏和自身免疫疾病的发病率急剧上升，很多生活在工业化社会的人正在经历着或曾经经历过这种类型的疾病——季节性过敏、湿疹、皮炎、克罗恩病、溃疡性结肠炎和多发性硬化症等。

为什么这些免疫系统相关的疾病会如此普遍？关于这个问题的理论比比皆是，一些人将其归罪于我们接触的越来越多的有毒化学物质和污染，或者是与祖先相比，现在的人们要忍受越来越多的长期压力和抑郁。毫无疑问，我们提到的每种疾病都是复杂的，许多环境因素甚至个体原因导致了疾病的发生，但是，越来越多的证据显示，微生物群和免疫系统之间的相互作用是患这些疾病的核心。

肠道：人体免疫系统的控制中心

相比其他体表或体内（如皮肤或口腔）的微生物环境，肠道微生物和免疫系统之间的关系似乎是很特别的。我们的肠道微生物与位于小肠内的免疫组织在不断地交流着，这些微生物和免疫系统的"对话"帮助我们的身体区分无害外来物如食物，以及有害的物质，如沙门氏菌。显然，你的免疫系统需要根据你吃的是花生还是受污染的鸡肉做出不同的反应，而微生物群有助于训练免疫系统进行这种区分。但是，微生物群对免疫系统反应的影响并不局限于肠道内，我们的免疫系统是遍布我们整个身体的，也是需要与微生物群沟通的。

由于肠道暴露在外部环境中——毕竟人体是管状的，非常容易受到外部入侵者的攻击。对许多病原体来说，肠道可以作为进入血液的入口，并且从这里转移到其他器官，但是，我们的身体也在利用肠道的脆弱性和持续暴露于环境，让自己获得一些好处。

免疫细胞是有高度流动性的。生活在肠道内正在跟肠道微生物"交谈"的免疫细胞可以突然"卷起铺盖"离开肠道，进入血液循环，并且定位到全身上下新的位置。T细胞（淋巴细胞的一种）是身体内免疫细胞的主要种类，它们今天住在你的肠道里，可能明天就跑到了肺或脑脊液中，同时，这些细胞会记得它们与肠道微生物交流的经历。虽然这种流动性看起来很奇怪，但是从人类生存的角度来看，它实际上是有意义的。假设一个特定的T细胞在肠道内遇到入侵的病原体，它可以繁殖许多细胞并且将其传遍身体，通知其他组织即将到来的危险，如果病原体出现在肺部，一个训练有素的T细胞已经做好了准备，等待着对抗感染。肠道内的免疫细胞作为重要的哨兵，尽可能快地提醒可疑入侵者的出现，然后将肠道反应传递到全身，为可能发生的大规模混战做准备。

你可以把肠道微生物群看作正在控制整个免疫系统灵活性或响应能力的电话拨号盘。肠道微生物群不仅可以支配局部的肠道内免疫反应，如腹泻能持续多久，也会影响你对特定疫苗的反应或者今年你的花粉过敏会有多严重。

肠道正确地为人体免疫反应做准备的核心作用，也意味着（在某些情况下）肠道微生物群可能会误导免疫系统。当免疫系统和肠道微生物群之间的相互作用不太理想时，整个身体的健康会受到负面影响。如果控制中心发出的消息被误读，免疫系统也会反应得过快或过猛。如果肠道控制下的免疫系统在并无"敌情"的情况下被触发，自身免疫反应可能导致T细胞和其他免疫细胞对无害的物质采取行动。

肠道微生物群可以影响自身免疫疾病的很好的例子是2011年在帕萨迪纳市加州理工学院的实验室的一项研究，由萨尔基斯·马兹曼尼亚领导的团队是一组对肠道微生物群如何影响多发性硬化症感兴趣的研究人员，他们研究的是一种看起来跟肠道没有任何关联的中枢神经系统疾病。通过在老鼠身上做实验，马兹曼尼亚和他的团队探索了自身免疫对个人神经系统攻击的严重程度，认为这可能是由某些类型的肠道细菌引起的。

加州理工学院的研究是微生物群控制免疫系统回应它感知到的对身体的威胁的许多证明之一。免疫学家曾经认为，肠道微生物群仅仅扮演着使食品变为粪便的角色，但是现在他们注意到了微生物群，并且了解到：不考虑微生物群是如何控制免疫系统的，就不可能研究并了解我们身体的免疫功能的最基本状况。

肠道微生物群：控制免疫反应

我们在对免疫系统进行描述时，经常会使用军事语言。当一种致病菌侵入我们身体时，免疫细胞和其他分子会发动反击，战胜入侵的致病菌。例如，你吃了一块未煮熟的充满沙门氏菌的鸡肉，这些致病菌会通过你的消化系统，穿透你的肠道细胞，肠道细胞就会释放出一种叫作细胞因子的分子，作为免疫系统的紧急求救信号，免疫细胞迅速做出回应，来到被入侵的地方面对敌人，最终，免疫系统的步兵——B细胞（一种淋巴细胞）和T细胞，与许多其他专门对抗感染的细胞一起清除身体的入侵者。

与此同时，作为这场大战的主人，你开始发烧和感觉到疼痛，被沙门氏菌感染后你需要不停地跑厕所，经过这样的描述，我们的脑海里很容易对每次身体遭遇某种微生物时的激烈战斗形成图像。攻击入侵者毋庸置疑是我们的免疫系统工作的重要组成部分。在过去的几十年里，认为免疫系统就是一个全副武装的军事力量的观点，在很大程度上主导了免疫学领域的科学研究。

但是，最近对微生物群的了解的突破，已经代替了这种简单的模式。随着我们越来越多地识别出体内和身体表面的数以万亿计的微生物，免疫学家已经开始接受越来越多的（事实上是持续不断的）我们的免疫系统和微生物群的相互作用。免疫系统不仅仅是一看到入侵就准备战斗的部队，它还有一个非常强大的"外交部"，如果对感染的反应象征着一个国家做好了战争准备，那么与共生微生物的相互作用就可以看作是一个政府持续的外交工作，就像全球政治一样，免疫系统做出的这些和平的努力是日积月累的结果，这使得产生危机－对抗的频率要降低很多。

我们的免疫系统一直在就共享资源（我们的身体）的问题与微生物进行着沟通。免疫系统想要人类细胞和有关微生物保持安全距离，而微生物希望能接触到它们的栖息地——我们的肠道，并且不会被驱逐，这些相互作用的不断变换的结果取决于你吃了什么，你是否已摄入传染病致病菌，以及许多其他因素。如果"爱出风头"的细菌在一段时间内主导你的肠道，你的免疫系统可能将提高警戒级别，通常，这种紧张将缓解，同时人类细胞和微生物之间将达到类似的缓和。然而，在关系变得紧张期间，肠道或其他部位的免疫细胞会对真正的入侵者的攻击采取非常不同的反应，就像赛车引擎一样，免疫系统已经做好准备采取行动，逐渐增加快速和积极的反应，如果情况没有缓和，免疫系统可以过渡到一个高度戒备的状态，这使它很容易对感知到的非真实威胁反应过度，反应过度的结果可以从不严重的过敏到痛苦的结肠溃烂。

由于肠道连接着身体其他部位的免疫系统，附着微生物会从全局意义上塑造我们的免疫反应，反过来，免疫系统产生的决定塑造着它对肠道或身体其他部位的病原体入侵的反应。自身免疫性疾病是如何形成和发展的，我们应该选择消灭哪种类型的微生物或允许它们继续生活在我们的微生物群中？一些人认为，免疫系统应该被重新命名，以反映其真正的应该被称为"微生物交互系统"的作用，它保护我们远离有害微生物是肯定的，但是它更加频繁地和我们每天朝夕相处的微生物群交流，如果这些交流变少会发生什么？随着现代社会免疫相关疾病患病率的上升，一个引人注目的观点或许可以解释免疫系统功能障碍：我们太干净了。

"卫生假说"的演变

大卫·斯特罗恩现在是圣乔治伦敦大学的流行病学教授。1989年，他提出了卫生假说，假设工业化国家的花粉症的出现和特异性反应（皮肤过敏）是减少接触传染性病原体的结果。他认为，人类的免疫系统是在不断地与食物、水和每天接触的环境中的致病微生物的抗争中进化的。几百年前，甚至在今天不太现代化（传统）的社会，人类的免疫系统全天都在做清除进入我们身体并做着永无止境的攻击的致病微生物的工作，但是现在，多亏了抗生素、清洁饮用水和消过毒的食物，我们遇到的致病微生物越来越少，免疫系统变得几乎无事可做了。通过对有多个兄弟姐妹的儿童很少发生过敏的初步研究，卫生假说认为，大家庭的孩子在家里接触到更多的致病微生物，因此他们的免疫系统忙着对抗感染，没有空余"时间"对花粉或谷蛋白做出过度的反应。

卫生假说后来又吸收了在农场长大的孩子比生活在干净、富裕家庭的孩子更不易过敏的发现而得到发展。除了接触致病微生物外，其他任何微生物，如农场动物身上或污泥里发现的微生物，都可以有效"占领"免疫系统。虽然对于卫生假说背后的复杂影响因素和机制仍有许多争论，但是很明显，自身免疫性疾病的患病率和人体与微生物的接触减少相关。给生活环境消毒和用抗生素消除微生物已经非常成功地减少了传染病的发病率，不幸的是，对致病微生物进行没有针对性的攻击，也对有益微生物造成了很大程度的间接伤害。

这是否意味着我们需要经常生病，以确保我们的免疫系统不会反应过度呢？答案似乎是否定的。自身免疫性疾病似乎与增加清洁度联系更紧密，而非减少感染。我们遭遇的绝大多数微生物不是注定要引起疾病的，但是它们确实以不同的方式与免疫系统打交道。这些接触、路过或生活在我们体内的微生物一般不会引人注意，它们引起的温和而轻微的免疫反应是免疫系统与微生物有规律的相互作用，同时也是保持免疫系统健康必不可少的。

随着我们的环境和食品被进一步消毒，我们失去了很多需要与我们的免疫系统接触的微生物。抗菌肥皂和含有酒精成分的洗手液的传播速度比（它们要对抗的）细菌传播的速度还要快，孩子们把带有卡通人物的洗手液挂在书包和午餐袋外面，商店把它们挂在门外，就像是杀菌的保安。人们总感觉给任何东西的表面喷洒消毒液还不够，于是，抗菌化学物质（如三氯生）被用于厨房用品、购物车和牙刷，甚至还有抗菌冰淇淋勺，这让我们怀疑我们与勺子之间有相互感染的风险！最近，过敏反应和接触三氯生联系在了一起，与三氯生相关的过敏反应标志着我们的社会已经变得如此痴迷于给生活的方方面面消毒。

西方人的生活方式，也进一步减少了我们与土壤微生物接触的机会，过去，人们在培育庄稼或寻找食物的过程中会与自然界的这些微生物有十分亲密的接触。更糟的是，抗生素和抗菌化学物质的流行不仅限制了我们和无害微生物的接触，也增加了抵抗这些化学物质的微生物数量，这让我们与危险的超级细菌的接触增加，如在医院或在肉食加工厂中绞碎的牛肉里发现的细菌，使这个问题的危险呈螺旋式上升。由于污染的哈密瓜、沙拉或是汉堡引起的疾病的热门新闻让人们更想继续消灭微生物，这可能给免疫相关疾病的增多提供了便利。虽然最大限度地降低我们和危险微生物的接触是非常重要的，但有没有一种办法能够让我们恢复与有益的环境微生物的互动，但又没有患严重传染病的风险呢？

失去我们的密友

每天我们的身体以两种主要的方式接触微生物：与身体内的常驻微生物（微生物群）接触，与外部环境的微生物接触。越来越多的证据表明，与微生物的接触过少，无论是体内微生物群多样性少还是环境过于洁净，都可以转化成免疫问题，例如，使用抗生素的儿童（这减少了微生物群的多样性）罹患哮喘的风险增加，每使用一个疗程抗生素，患哮喘的风险就会增加一点点，但是在养狗的家庭，这种风险反而减少了。卫生假说预测，狗的存在增加了孩子与环境微生物的接触，从而减轻了由于使用抗生素造成的身体内部微生物流失。

值得注意的是，这些研究还没有办法确定在抗生素和免疫系统疾病之间谁起了决定性作用，所以我们仍然面临着"鸡生蛋还是蛋生鸡"的问题。现在只能说使用抗生素和自身免疫性疾病的增加有关联，但使用抗生素杀死微生物群是不是问题的起因还不清楚。在对人类的研究中，由于各方面的影响因素太多，这种因果关系就更难建立，例如，和很少使用抗生素的人相比，经常使用抗生素的人通常会病情加重，有更多导致疾病的免疫系统问题，还会出现许多其他问题。我们暂时放下谁是因谁是果的问题。研究证据表明，微生物群可以防止患自身免疫性疾病。在实验室培养的、完全不接触微生物的无菌老鼠，在过敏源出现时会出现严重的类似哮喘的呼吸道反应，而浑身上下被微生物群占领的老鼠则不会这样。

除了使用抗生素给微生物群造成的间接伤害之外，另一个更特殊的问题——多样性损失，也影响着人体微生物群。虽然口服抗生素导致短期内肠道微生物减少，但是随着时间的推移，微生物群能够重建，只是微生物群的恢复是否完全还不清楚。在人类进化过程中，有一些微生物通常存在于人体内，包括某些类型的细菌甚至寄生虫（如蛲虫或钩虫），因为人类与它们有数千年的"共同相处"的历史，这些物种已经被称为"老朋友"，其中一些"老朋友"能够引起疾病，但是在相互间长期共存的过程中，人体的免疫系统已经依赖于和这些物种相互作用，以便进行正常运转。随着人类实现现代化，这些微生物中的许多种类正在消失，这让免疫系统失去了曾经与之交流的物种，这些正在消失的微生物仍存在于发展中国家的人们体内，但是随着卫生条件的改善、抗生素的使用、不良的饮食习惯和许多其他因素导致了它们的消失。虽然大多数人认为没有寄生虫会更好，却很少有人意识到我们已经失去细菌的重要性，失去这些"老朋友"后，人们很可能更加容易过敏和发生自身免疫性疾病。

平衡免疫系统的行动

大量的免疫细胞生活在肠道内部，它们监测着肠道环境，随时准备在必要时采取行动，这些细胞被称为黏膜免疫系统，它们的工作是抵御想要深入我们肠道并引起感染的有害细菌。黏膜免疫系统是免疫系统的一个子系统，它负责监控易受病原体侵袭的身体表面与微生物的相互作用，免疫系统的这一分支保护肺部、鼻子、眼睛、嘴巴、喉咙和肠道内的组织，这些身体器官每天都与外部环境打交道。黏膜免疫系统一直在监视试图钻入人体内的传染性微生物。在肠道内，它的工作是双重的：防止偶尔摄入的病原体和微生物群进行沟通。

黏膜免疫系统包含两个分支，一个对威胁产生积极反应（促炎方面），另一个在炎症消退时抑制这种积极反应（抗炎方面）。肠道微生物群的适当反应涉及持续地平衡这两个分支，使两者如同跷跷板的两端重量相同时能够保持平衡一样，当跷跷板完全平衡时，也就达到了免疫平衡。黏膜免疫系统防止微生物侵入肠壁，也避免肠壁过于肿胀，在这些情况下，肠道微生物群和人类肠道组织和平相处，然而，如果跷跷板上促炎反应比抗炎反应重，不平衡的免疫状态可能会造成对附着微生物的过分攻击，使疾病的发生呈螺旋式上升，不幸的是，一旦跷跷板失衡，就很难再恢复。

克罗恩病和溃疡性结肠炎是炎性肠病（inflammatory bowel disease，IBD）的两大类，患者需要忍受末端胃肠道炎症。尽管我们对炎性肠病的病因仍知之甚少，但是很明显，遗传和环境这两个因素导致了疾病的发生。大量基因突变与炎性肠病的发生有一定关联，一些基因突变会导致实验室小鼠患上类似炎性肠病的炎症，但这有一个前提条件：小鼠体内有肠道微生物群。许多情况下，在无菌环境中长大、体内缺乏肠道微生物群的老鼠不会生病。遗传学创造了患炎性肠病的风险，就像把高尔夫球放在球座上一样，但是微生物才是那个挥杆把球送出的主角。

治疗炎性肠病的方法通常包括重新平衡过于偏向促炎的免疫系统的尝试。免疫抑制药物被用于抑制炎症，抗生素则用来杀灭肠道微生物，以便把感知到的威胁降到最低，但是一旦炎症反应对肠道微生物的攻击已经开始，就很难停下来，这也就是为什么治疗炎性肠病如此困难的原因，通常情况下，手术切除肠道发炎部分是唯一的解决方案。

治疗炎性肠病的困难说明了实现炎症反应的平衡是微妙的，如果炎症反应太轻微，细菌就可以侵入肠道组织，反应太剧烈又会导致免疫系统进入持续性针对所有微生物的炎症反应。化疗或艾滋病病毒感染造成的免疫力低下，为我们提供了由于缺少免疫系统监视导致危害的例子，这些人被微生物入侵肠道组织的风险提高，因为他们的免疫系统受损，不能严格地执行肠壁外"微生物不得入内"的任务，与此相反，免疫反应过度活跃的人可能会因微生物群而产生过于强烈的炎症反应。某些类型的癌症免疫疗法可以通过去除免疫监视或者停止机制建立这种类型的促炎过程，但通常也会引起不当的免疫反应，这种治疗方法希望通过支持促炎反应，使具进攻性的免疫系统去攻击癌细胞，然而，这种做法的危险在于肠道内的良性细胞也会成为被攻击的目标，导致炎性肠病或类似疾病。这些临床问题显示人体免疫系统对于肠道微生物群的监视和维持的平衡是多么的脆弱。

遗憾的是，不仅那些免疫功能不全或正在接受免疫治疗的人需要时刻注意，越来越多的"健康的人"也需要为维持健康的免疫系统的平衡而担心。现在看来，西方的生活方式扰乱了这个跷跷板，危害着维持免疫系统两个分支（促炎和抗炎反应）与体内微生物之间和平相处的微妙平衡。正在建立的肠道微生物群不只是免疫系统平衡中的旁观者的理论，已拥有越来越多的证据来证明这一理论。微生物群在免疫系统应对肠道微生物以及外来致病微生物的反应中，作为主要角色而起到积极作用。

作为黏膜免疫系统延伸的微生物

肠道内壁被黏稠的黏膜保护着，这个物理屏障可以防止肠道微生物群太接近人体组织，这层黏液不仅使微生物群与肠壁细胞保持安全的距离，也作为碳水化合物的丰富来源，供给肠道微生物群内的一部分细菌食用。通过产生这种富含碳水化合物的分泌物，肠道为微生物群提供营养，以帮助维持某些有益的微生物，这些微生物反过来保护肠道免受致病细菌侵袭，维持免疫系统平衡。

伴随着不熟的汉堡而进入你消化道的致病性大肠杆菌想要快速便捷地进入你的肠壁，但是当病原体试图穿透你的身体内表层时，甚至在它试图奇袭黏液层之前，必须首先面对肠内微生物群的重重挑战。

肠道微生物群作为第一道防线对抗这些入侵者，这给我们防御病原体入侵提供了物理和生化屏障。对免疫系统来说，肠内微生物群就像是雇佣兵，它们（从黏液中）收取好处并帮忙赶走"坏"细菌，但人体也不能完全放任这些雇佣兵而不去监视。

微生物群不仅可以作为抵抗病原体的额外障碍，还能协调免疫系统反应的强度和持续时间，就像操纵提线木偶一样，例如，当入侵者出现时，如果免疫系统反应缓慢或不够积极，病原体就会获得优势。相反，如果免疫系统反应过度，可能会出现严重的炎症和不必要的组织损伤甚至出现自身免疫病症。肠内微生物群通过很多方法控制你的免疫系统的提线，帮助免疫系统决定反应的力度和速度。在我们的一生中，身体要经历不断的发展变化，微生物群则很好地调节了此过程的免疫系统反应。从由子宫保护的胎儿过渡到婴儿，再到蹒跚学步的幼儿的几年里，免疫系统的发展是最为迅速和明显的。结果证明，在免疫系统监视下接触微生物，对正确的免疫系统的发展是至关重要的，刚出生的几年就更是如此。

通过第二章的介绍，我们知道，与正常的老鼠相比，体内没有微生物群的老鼠只有又薄又不完整的肠道黏液层，移除微生物群这种黏膜免疫系统的关键要素，就无法形成黏膜免疫系统。除黏液层之外，这些体内没有微生物群的老鼠的黏膜免疫系统还有其他外观、成分和功能方面的明显不同，它们的肠内几乎没有免疫细胞，后者是需要相应的肠道微生物群存在的，如果体内充满微生物群，无菌鼠的免疫系统缺陷可以被矫正。然而，在某些情况下，免疫系统缺陷却不可矫正，如果在生活中接触微生物太晚，也就错过了体内微生物群形成过程中关键的早期阶段，免疫系统被锁定在未发育状态。想象一下学习烹饪时忘记了一种配料，如果你是在做汤，忘记加盐很容易矫正，只需在最后加上，汤的味道和没有忘记加盐是一样的，但事情并不都是这样，蛋糕从烤箱拿出时，你才意识到忘了加发酵粉，那么放再多的发酵粉也没法拯救塌软的蛋糕了！

尽管人类永远不会经历生命开始时没有微生物群的情况，但是由于抗生素治疗和生活在过度消毒环境中，出生后的前几周身体拥有的微生物就可能很少。在关键的生命早期，我们与微生物群的相互作用可能决定着我们的免疫系统各方面的发育成熟程度，这种成熟是不可逆转的。在这里我们学到的是：在过度卫生（清洁）的环境中抚养孩子，他们的免疫系统的发育会因为环境的过度卫生而产生长期的不良影响。

让微生物来平衡免疫系统

免疫系统对肠道微生物的反应性意味着增加特定的微生物群有可能优化免疫功能。是否有可能确定哪些是最好的促进免疫系统健康并创造最终的"增强免疫力"的微生物，并作为益生菌保健品？如果它们中的一种能创造完美的免疫系统平衡，另一种能对抗花粉或花生过敏，这不正是我们所需要的吗？

很遗憾，黏膜免疫系统的复杂性使得这种想法在科学上不太可能，它似乎更像是科幻小说。免疫反应通常是由B细胞和T细胞在促炎反应发生时做出重大调整，造成发红、肿胀、发热和化脓，但是这种反应的另一方面是发红、肿胀、发热和化脓的衰减，这项工作是通过一种叫作调节性T细胞的免疫细胞完成的。调节性T细胞的缺乏会导致过度的免疫反应，进而可以形成自身免疫、炎性肠病甚至癌症。一些人提出这样的假设：很多西方人都存在调节性T细胞缺乏，这是许多慢性疾病的根源，如果真是这样，补充额外的调节性T细胞，也许能找出许多炎症性疾病新的治疗方法或预防措施。

日本理化学研究所综合医学科学中心的本田贤矢（Kenya Honda）研究小组发现，肠道微生物群中的细菌对肠道组织内的调节性T细胞负有责任。本田与一群科学家共同认为，现代微生物群已经因为许多因素逐渐恶化，包括抗生素使用和不良的饮食习惯，他指出："这使人体更容易发生自身免疫和过敏。"患有炎性肠病、过敏和多发性硬化的病人数量的激增已经持续了几十年，并且这些病在日本的发病率仍在继续增长。

本田和他的研究小组发现，厚壁菌门（肠道微生物群中两大细菌门类之一）的细菌能够把调节性T细胞招到实验室小鼠的肠道内，这些大量的调节性T细胞抑制了炎症反应，使老鼠患结肠炎、自身免疫性疾病和过敏的可能性减少。这种肠道细菌的混合物，又被称为"鸡尾酒"，可以调节哺乳动物免疫系统，截至目前还没有已知的药物能做到这一点。问题是，由于每个人都有不同的微生物群，相同的细菌混合物能够在每个人身上起作用吗？本田表示："我很确定人与人之间的微生物群差异将成为相关因素。"一种特殊的细菌混合物会给每个人带来相同的消炎作用的可能性看起来很小，但是，也许微生物的种类不如它们产生的分子（在调节性T细胞方面的作用）那样重要。

由于微生物群消耗肠道内的食物，它们会产生相当于垃圾的副产品——细菌的粪便（是的，我们的肠道就是这些细菌的厕所）。虽然想到这些令人不太愉快，但这些细菌垃圾似乎不像你想象的那样有害，事实上，一些垃圾产物是可以促进健康的。数量最多的微生物群垃圾之一是短链脂肪酸（更多关于这些特殊分子的解释将在接下来的章节中介绍），这些分子帮助肠道积累调节性T细胞。对肠道微生物群来说，"谁在那里"没有"它们在做什么"那么重要。许多不同类型的细菌能够产生短链脂肪酸，因此，增加肠道微生物群内的短链脂肪酸产物能够促进调节性T细胞的产生和抑制炎症。尽管这些研究还在初始阶段，但它们为如何管理肠道微生物群来改善肠道健康提供了许多启示。给健康带来巨大好处的神奇微生物组合在一段时间内可能无法在市场上买到，但是，促使微生物群产生更多短链脂肪酸和其他平衡免疫系统的重要化学信息可以帮助我们预防或改善疾病。

检测"坏"的微生物群和驱逐它们的代价

免疫系统有帮助我们的身体摆脱一大堆有害物质的重要任务，但在很多方面，摆脱有害物质在这些任务中是相对比较容易的。免疫系统已经进化出了战略武器（具有高度针对性的抗体）和大规模杀伤性武器（如发热和腹泻），可以非常有效地阻击有害物质。免疫系统更艰巨的任务是确定谁好谁坏，如果免疫系统判断错误，有潜在危险的感染可能会被忽略。我们以多发性硬化症的情况为例，在这种疾病的患者体内，一系列完全正常和关键的细胞受到免疫系统的错误攻击。其实在我们的意识里，也存在正确区分"好"细菌和"坏"细菌的问题，特别是许多细菌还属于灰色地带，这些灰色地带的细菌可能在某些情况下或对特定的人是有害的，但在其他情况下则可能是有益的。

马汀·布莱泽是纽约大学教授和研究常驻于胃部的幽门螺杆菌对健康影响的领导者。幽门螺杆菌有时可以引起胃溃疡甚至胃癌，它很显然是一个坏家伙，不是吗？医学界是这么认为的，并且使用抗生素来消除这些"坏"微生物。

"这既是检测也是治疗。"布莱泽说道，"作为一个医生，如果你发现了幽门螺杆菌，你就能摆脱它。然而，如果你看看种种迹象，有很少人应该接受幽门螺杆菌治疗。"虽然幽门螺杆菌对某些人是存在问题的，但是很多人都没有意识到他们体内有这种细菌，又从来没受到任何不良影响，事实上，越来越多的证据表明，幽门螺杆菌甚至可能是有益的。

幽门螺杆菌通常是从父母那里获得的，因此，接受治疗并失去了幽门螺杆菌的准父母再也不能将它传递给子女，这种情况正在西方世界上演。在短短几十年里，自从幽门螺杆菌被贴上了"坏细菌"的标签，这种微生物就在逐渐地被消除。西方的孩子们肠胃里的幽门螺杆菌变得越来越少，从表面上看来，这似乎是好消息——这些孩子体内不会有幽门螺杆菌，也就没有了由幽门螺杆菌引起溃疡和胃癌的危险，但是，人类幽门螺杆菌的灭绝有一个潜在的、巨大的缺陷。布莱泽等人的研究表明，体内没有幽门螺杆菌的儿童，患哮喘和过敏的风险有所增加，虽然没有幽门螺杆菌可以防止少数人在以后的生活中出现问题，因为很少数携带幽门螺杆菌的人会患上胃溃疡或癌症，但是孩子一出生就没有这种细菌，可能存在影响一生的健康问题的风险。这种与人类共同进化了几万年的细菌，很有可能帮助我们将免疫系统调节到最优状态。通过消除微生物这个"指导老师"，免疫系统失去了区分正确的目标（如流感病毒）和不正确的目标（如花粉）的能力。幽门螺杆菌的减少可能只是冰山一角，随着我们更加了解祖先的胃肠道中都有什么类型的细菌和其他微生物，人们发现，现代化已经导致了几个重要物种的消失。

幽门螺杆菌的消失说明了重要的两点：首先，即使是某一单一类型的细菌也可以对免疫系统起到积极作用。在消灭目标细菌，尤其是那些几千年来与人类有密切关联的种类之前，我们需要考虑这可能会对免疫系统造成的潜在威胁。第二，我们的一些共生细菌表现出双重性。我们还不完全了解是什么样的因素能把一个看似友好的细菌变成病原体。给细菌贴上诸如共生或致病的标签过于简单化了，这忽视了微生物在不同情况下改变其属性的能力。

这种新兴的对人类与微生物群相互作用的细微差别和复杂性的理解是如何影响人体健康的？"未来的医生会让幽门螺杆菌重回孩

子体内，然后在年纪较大的时候将其清除。" 布莱泽说道。在生育年龄过后清除幽门螺旋杆菌，将确保这种微生物及其好处会传递给下一代。

维持免疫系统的功能正常

免疫系统的调整依据"金发姑娘"原则（译者：意为"最适合自己"）。如果被设置得过"热"（即过度反应），自身免疫性疾病也会随之而来，如果被设置得太"冷"，合理的感染可能会被忽略或造成组织溃烂。理想情况下，免疫系统的设定是合适的：处理危险的感染，并且使身体的细胞和有益微生物得以存活。

幽门螺杆菌展示了我们的肠道微生物群有管理免疫系统的能力，但这只是有能力塑造我们全身免疫指标的众多微生物的种类之一。曾经属于人体—微生物群组合中的微生物种类的一部分已经在一些现代人身上消失，人类生物学的一部分不见了。人类是依赖于他们的微生物的，当这些重要的连接被打破，例如细菌种类被消灭，人就会出现身体缺陷和疾病。在最终决定一种细菌对人类生活到底是好是坏时，每个连接的具体细节或环境都是至关重要的。

知道微生物群和免疫系统的重要关联以后，我们能够选择对我们的微生物群和免疫系统健康有积极影响的做法吗？要综合人类免疫系统的复杂性来评估我们同样复杂的、高度个性化的微生物群的本质。随着科学界发现微生物群可以调节免疫系统，人们的兴奋之情也不断增加，但是出于安全原因，研究人员在利用这些信息寻找治疗方法时必须谨慎行事，提供健康建议的科学家们也应如此。然而，我们认为，已有足够的证据证明采取的措施是安全的，这些措施也对我们的微生物群和健康产生积极的影响（当然，我们总是需要谨慎地向医生咨询，以确保这些措施与你的健康状况不冲突）。

希望孩子不要得过敏和哮喘的家长经常问我们：应该让孩子吃饭前洗手吗？应该养狗吗？孩子玩泥巴的时间足够长吗？很显然，这些问题都没有所谓的正确答案，答案应该是通过权衡每种情况的利弊后才能得出的。

以下是在遇到这些情况时我们的做法：

虽然缺少明确的科学研究，但我们每个人的洗手方法，是身体微生物群形成过程中一个具有前瞻性的例子。如果孩子们只是在家里的院子中玩耍、抚摸狗狗或者摆弄花草，我们通常不让孩子在吃饭之前洗手。然而，在去过购物中心、医院、动物园或者其他更有可能存在人类或动物病原体的地方，他们必须要洗手。我们还会在感冒和流感季节或者有可能接触到化学残留物（如农药）时让孩子增加洗手次数。我们非常注意是否存在致病微生物的风险，由于超级细菌耐药性的存在，孩子患病的风险还是很高的，所以做决定时不能掉以轻心。然而，现代社会自身免疫性疾病的流行表明，消毒和过度卫生并非灵丹妙药。

关于家养宠物的问题。养宠物需要承担巨大的责任，我们不应该把它作为获得与微生物接触的唯一目的，还有其他的更省事的方式可以做到这一点。但是，我们把通过养宠物接触到微生物作为一种额外的好处，宠物可以提供的所有其他的好处包括友好的陪伴者和每天出去散步的理由（两者都为健康提供了好处）。养狗的人身上的皮肤细菌与他的狗类似，但与其他的狗不一样。毫无疑问，主人与狗的身体可以相互转移微生物而且很可能是双向的。从狗的身上转移而来的细菌会让主人的微生物群更多样，其原因很可能是狗的皮毛从人类很少接触的环境中获得了微生物，例如狗接触消防栓而获得的微生物。通过养宠物使微生物群多样性增加，可以部分解释我们观察到的在有宠物的环境下成长的孩子不太可能患过敏或哮喘的现象。

不打算养宠物的人们也不必担心，泥土是另一种增加与环境中的微生物接触的方式。一些科学家估计，一块典型土壤样品中的细菌种类大约是在我们肠道中的3倍。我们经常擦鞋并且告诉我们的孩子勤洗手，会让孩子们成为一个名副其实的"微生物的荒野"，不幸的是，这样做就像是因为我们害怕遇到狮子，所以连最温顺的鹿也要消灭一样。越来越多的研究证明，与土壤中发现的微生物接触对保护我们免得自身免疫性疾病有帮助。

但是，在你让孩子跑到后院玩泥巴或者拿掉地垫，让更多的微生物进入你家之前，你要明白的是，你需要考虑成本和效益。与我们的祖先挖地下可食用的块茎和住泥土盖成的房子的地面环境不同，现代世界的泥土往往充满了各式各样的人造化学物质，如化肥、除草剂和杀虫剂，摄入这些化合物可能会抵消土壤中微生物的所有好处，所以，如果你的院子没有经过化学处理，那么挖掘土壤并且不要立即清洗干净可能提供了一个没有接触化学物质风险而获得微生物的好处。如果你带着孩子去操场上的一大片草地玩耍，但是这草地上看起来没有一丝杂草，那么在这里玩过之后，及时洗手可能是最安全的做法。在家里摆弄花草，哪怕它只是在容器里，也是一个让自己和健康、充满微生物的土壤接触的很好方式。

目前的知识表明，大多数生活在现代世界的人，可以通过增加和微生物的接触来增强免疫系统功能。你选择的方式应该是安全、舒适并且符合你的生活方式的。

第四章

肠道的过客

肠道的呼救

最近，好朋友里克找到我们，急切地希望我们给他些建议。里克身体基本上健康，但是偶尔会有便秘和腹胀等消化问题。他的医生顺口建议他尝试着吃些益生菌，建议隐含的意思是通过补充肠道益生菌，既可以更好地恢复消化系统的健康，又可以帮助平衡免疫系统功能。到了药店以后，里克被各种各样的益生菌惊呆了。他找到我们，带着一连串的问题：哪种益生菌对我这一类人最好？我应该吃多长时间益生菌？益生菌也能帮助调节消化系统吗？我应该服用益生菌制品还是从食物中摄取？

益生菌的意思是"对身体有益"的细菌。世界卫生组织将其正式定义为：通过摄取适当的量，对使用者的身体健康能发挥有效作用的活菌。然而，这一定义给提供潜在健康益处的微生物群（如在发酵食物中发现的那些）留下了模糊的定位，这些有潜在健康益处的微生物群未被正式认定，因为它们还没有被深入研究。为此，也正是本书的目的，我们将用"益生菌"一词指那些可能带来健康益处，或被当作能带来健康益处的可消化细菌。

长期居留体内的菌群组成了我们的微生物群，而益生菌则不同，它们是肠道的短暂过客。益生菌从肠道匆匆而过并不意味着它们对我们和我们体内的微生物群没有影响，越来越多的证据表明，益生菌能帮助我们降低某些感染的发病率，一旦发生感染，它们能帮助我们更快地恢复。

益生菌提供了一个与饮食不同的方式调节肠道微生物群，与饮食配合可以给健康带来有益影响。益生菌在通过消化道时，会和肠道的附着微生物和细胞互相传递信息，我们的免疫系统则从这些相互交流中受益，如服用益生菌的人能够更好地抵抗感冒、流感和腹泻。尽管存在许多关于益生菌的争议，但是消化细菌的过程是从人一出生就开始的过程。肠道不仅进化到足以应对不断通过的细菌，还学会了如何从"天天登门的客人"身上获得益处。

发酵作用的产生

你最有价值的厨房用品是什么？不要从它值多少钱来考虑，而是想想你的生活是否能离开它，许多人会选择冰箱。住在圣路易斯时，我们的房子正好在电网边缘，暴风雨期间，这里经常会停电，但总是只有街道的一侧停电。暴风雨严重时一连几天都没有电，这样就会使街道某一侧的人家生活在黑暗中，另一侧却灯火通明，于是，在断电的24小时内，我们的街道上总会布满电线，有电的人家给对面家庭的冰箱进行供电。这幅画面提醒着我们，一个正常工作的冰箱是多么珍贵。

在现代冰箱、冰柜出现之前，人类是如何保持食物新鲜的呢？我们的祖先，尤其是生活在热带地区的人们，是如何防止食物变坏的呢？答案就是，通常他们不去特意防腐，而是学习如何控制食物腐败变质，使腐败的食物依然可食用。

发酵是微生物分解糖类并生成酸、酒精和气体的过程，比较著名的发酵产品有葡萄酒和啤酒，即果汁或谷物中的糖分被酵母菌转化为酒精。今天我们享受着发酵作用带来的巨大好处，就像我们的祖先一样，但是这对我们的祖先来说或许更为重要，因为酒精就像一种防腐剂，增加了饮料的保存时间。同样地，食物也可以通过细菌的发酵延长保质期，例如，某些发酵过的奶酪在室温下放置许多年后仍然可以食用。

发酵作用的发现像是一场意外，也许是一段时间里人们得到了大量的食物，一两天根本吃不完，但对远古时代的人来说，哪怕是很少的食物都是宝贵的，我们的祖先不愿意去浪费那些开始变质的食物。从他们了解一些变质的食物仍然可以食用开始，他们逐渐学会了使用发酵使食物供应更加稳定。

在今天，冰箱的使用一样是为了延长食物的可食用时间。现代食物保存方法的一个很大的缺点是，在很大程度上没有考虑我们饮食中的微生物。我们知道，组织社会团体和劳动分工的能力使人类社会的发展超越了狩猎、采集。也许，我们祖先控制发酵作用的能力使他们免于额外的劳动负担，同时也使他们在其他领域有所进步。

食用发酵食品的记录最早可追溯至8000年前，并且至少有一种发酵食品能成为几乎每一个文化历史的一部分。通过发酵，活性细菌开始发挥消化作用，我们最熟悉的发酵食品之一就是酸奶。制作酸奶，需要将某些细菌加入富含乳糖的牛奶中，细菌能发酵乳糖，并将其转化为乳酸，这为酸奶提供了特有的酸味，你可以把冰箱中盛酸奶的容器看作一个外部消化道，在乳糖入口之前进行预先消化，也就是说，患有乳糖不耐受的人可以食用酸奶，而对那些能够消化吸收乳糖的人来说，牛奶中的一些热量却白白地被细菌所吸收。在过去，这些吸收掉的热量是食物有更长保质期的代价，而在今天，发酵过程中被细菌吸收一部分热量不再被认为是一种牺牲了。事实上，微生物发酵食品时吸收其单糖（如酸奶中的乳糖）。过量的单糖会引起血糖上升，导致2型糖尿病等健康问题。通过发酵，细菌使食物中的单糖减少，令食物更加健康。发酵食品中的细菌带来了两个促进健康的功能：减少食物中的单糖；细菌与肠道和肠道微生物群相互作用。一个多世纪前的观察显示，食用发酵食品的人从中获益匪浅。

保护肠道

伊利·梅奇尼科夫（Elie Metchnikoff）是19世纪后期俄罗斯的科学家。他对微生物和免疫系统的相互作用非常感兴趣，通过显微镜，他观察到我们血液中的免疫细胞是如何像吃豆子游戏那样应对入侵者的。通过合并希腊词语phages（意为"吃"）和cite（意为"细胞"），他将这些吞食微生物的细胞称之为吞噬细胞。随着这些吞噬细胞的发现，他公布了免疫系统能够抵抗致病微生物的重大发现，并因此获得了诺贝尔奖。

在他的职业生涯接近结束时，梅奇尼科夫对人类的衰老和死亡产生了兴趣。1908年，他将自己的科学发现和想法记录在《生命的延长：乐观的研究》一书中。他提出，衰老和死亡是肠道中积累了大量有毒垃圾的结果，细菌所产生的垃圾都藏在肠道中。他认为大肠是作为粪便存储容器在进化过程中最没用的器官（我们中那些花费了大半辈子时间来研究微生物群的人试图证明梅奇尼科夫的观点过分简单而没有太多影响）。他认为为了有效地搜寻猎物，男人需要掌握避免频繁排便的方法，"在狩猎时需要不断停下的食肉哺乳动物要比没有停顿的那些低一等"，他解释道。对梅奇尼科夫来说，人类在用大肠存储粪便时也付出了代价，但是一些留在肠道中的细菌是"无害的，另外一些则存在有害的属性"。他确信这些有害细菌是人类不能延长生命的原因，既然通过在食物中添加酸可以防止食物"腐败"或腐烂，他推测人类可以通过酸，尤其是乳酸，来最大限度地减少内部"腐败"。

梅奇尼科夫相信，食用产生乳酸的细菌（如酸奶中的细菌）能够"保护"肠道，正如这些细菌可以保存牛奶一样。尽管他对发酵食品为什么是健康的解释缺乏一些修正，但是他的观察，包括对一个每天喝发酵乳制品的保加利亚农民的寿命的观察，是人们开始重新形成对微生物进行认识的现代思维。早在100年前，梅奇尼科夫就提出食用更多细菌，尤其是乳酸菌，他的建议催生了科学界对于食用发酵乳制品能够延长寿命的理念。他用智慧写道："读者可能会惊讶于我建议吃大量的细菌的观点，因为大家普遍认为细菌是有害的，然而，这种观念是错误的。"

由于我们对肠道益生菌发挥功能的了解已趋于成熟，很明显梅奇尼科夫的观点——细菌的好处来自于它们对肠道的酸化能力并不代表全部情况，这些细菌虽然只占肠道内细菌总量的很少一部分，但是对我们的影响却大大超出它们的数量。它们甚至可以影响肠道以外的器官，发送信号到包括大脑在内的身体最远的地方。

肠道的过客：悄然经过，留下印记

一个常见的关于益生菌的误解是，这些活菌会永久地留在肠道内，其实，益生菌只是人体微生物群的短期成员，它们进入肠道后被吸收，然后被排出。在发酵乳制品中的乳酸菌大多存在于富含乳糖的环境中，例如牛奶。即使母乳喂养的婴儿，也和吃乳酸菌制品的婴儿一样，乳酸菌也不会长期存在于肠道中，因为母乳所含的乳糖会被婴儿消化和吸收，所以他们的肠道也不适合这些益生菌的生存。

因此，虽然很多益生菌能够存活于我们的肠道中，但大多数都不适应这个环境，它们无法消化我们肠道中的"山珍海味"，比如晚餐或肠道包裹的黏液层，因此这些细菌只是肠道的短暂过客。支持者们建议定期食用益生菌的一个原因，就是确保有源源不断的益生菌通过肠道。益生菌就像从生长的故土（酸奶或其他发酵食品）到国外（我们的肠道）参观的游客。

这些细菌不会长期居留在肠道内，并且相对于其他肠道常驻菌数量并不多，但是这并不意味着它们是没用的。有证据表明，益生菌的存在能够增强我们的身体抵御病原体侵入的能力，益生菌的作用相当于"假想敌"，能够让免疫系统调整对更加危险的微生物的反应。

我们的肠壁细胞像瓷砖一样整齐地排列着，在这些细胞之间存在一个蛋白质网作为屏障，这个整齐排列的细胞壁阻止消化食物的微生物群和颗粒进入我们的组织和血液中。理想情况下，细菌停留在细胞壁的边缘上，也就是管子里。一些研究表明，通过促使肠道细胞产生更多的蛋白质，益生菌可以帮助肠道强化屏障功能。除了增强细胞壁屏障功能，益生菌还可以促进细胞壁顶端黏液的分泌，这些黏液可以保护我们免受不必要的入侵。

如果加强肠壁和增加黏液层还不够，益生菌还可以诱导肠道细胞释放防御素，这种分子是人体对抗入侵的细菌、病毒和真菌的化学物质之一。哪些特定的益生菌菌株参与保护我们的肠道，它们是如何完成这项工作的，还需要更多的研究。为了更好地理解肠道内的积极反应和益生菌的出现，我们可以把这种情况想象成联合国维和部队，这样会比把益生菌形容为游客更加准确。充当"维和部队"的益生菌帮助肠道保障边界并阻止外敌侵略。

通过强化肠壁和增强免疫系统功能，肠道益生菌应当是对抗胃肠道感染的有效物质。为了直接测试这一猜想，乔治城大学医学中心的研究人员对食用益生菌是否能保护孩子免受胃肠道感染进行了观察。他们选择了华盛顿特区的一个日托中心638名年龄在3~6岁的儿童，有一半儿童被随机分配为每天饮用含有益生菌的发酵乳制饮品，另外一半儿童每天饮用不含益生菌的饮品，研究为期90天。这些孩子的父母需要每周填写关于儿童健康的问卷，问题包括孩子是否因病没有到校上课；是否经历过呕吐、便秘、胃痛或发热；是否使用了抗生素。与喝不含益生菌饮料的儿童相比，喝益生菌饮料的儿童患胃肠感染的概率降低了24%，同时，饮用益生菌饮料的儿童在3个月的研究过程中也较少使用抗生素。

不仅仅这项研究记录了益生菌预防胃肠道感染的能力，大量的研究表明，益生菌（不是一个特定的种类或产品）通常可以对感染性腹泻患者产生积极影响，降低腹泻的严重程度和持续时间。这些有益的微生物，通过加强我们的肠道屏障功能、直接或间接杀死病原体（或者利用尚未被发现的机制），能够在一定程度上抵御感染或者减少感染的持续时间。益生菌虽不是我们体内微生物群的长期居留者，却是我们与肠道病原体抗争时的盟友。

不仅仅是对肠道的影响

从直观的层面上说，食用益生菌会对肠道健康产生影响。通过肠道时，它们与肠道和微生物群非常接近。但是，与肠道微生物群类似，益生菌在通过消化道时似乎不仅仅影响我们的肠道，同时还促进着全身健康。

在对华盛顿特区日托中心的儿童进行观察时，研究人员意外地发现，食用益生菌的儿童患胃肠道感染的概率更低的同时，也更不易患上呼吸道感染。另外一个涉及上千人的实验也发现，各个年龄段的食用益生菌的人群较少患急性上呼吸道感染，也较少使用抗生素。益生菌对人体免疫系统功能的影响不仅局限于肠道，而是全身性的，这些发现正在构建支持益生菌的蓝图。

多项研究表明，健康志愿者食用益生菌时，免疫系统功能的改变在对抗疾病感染方面有帮助，免疫系统似乎是不断地对肠道内的微生物进行"人口普查"。益生菌存在时，免疫系统处于一种就绪状态，相当于起跑时的"各就各位"，当发生感染时，即使是上呼吸道感染，免疫系统也早就做好了"起跑"的准备，感染一出现就开始"跑"。

稍等一下，如果是这样，为什么医生不到处鼓励人们食用益生菌呢？关键在于：成千上万篇发表过的对益生菌的研究，大多数集中在相对较小的群体，这些特定的发现也没有被运用到其他的研究中。此外，以人体为对象的研究很少能够把特定的有利影响归功于特定的益生菌菌株。这些研究未能揭示益生菌的功能机制或参与的特定分子和基因的相互作用，例如，一种特定的免疫系统的效果，这增加了人们对益生菌作用的怀疑。

为什么益生菌的效果显得如此不稳定？当某人摄取益生菌时，这些细菌与他体内的微生物群相互作用。因为每个人的微生物群是独一无二的，张三体内的益生菌A可能在李四体内有不同的作用，也许李四需要摄入益生菌B或10倍数量的益生菌A，才能达到与张三一样的效果。由于微生物群的数量每天在波动，即使对于同一个人，益生菌的效果也不尽相同。目前，我们对微生物群的了解还不够全面，无法预测特定的益生菌可能会对个人的微生物群产生怎样的影响，因此，我们认为，富含各类微生物的发酵食物可以让大多数人享受到健康益处。

在美国，最常见的富含益生菌的食品就是发酵乳制品，如酸奶和酪乳（但是酸奶油也可以不含细菌，所以并不是所有的酸奶油都含有活性微生物）。开菲尔（Kefir）是一种不太常见的益生菌乳饮料，这种酸乳酒的发酵使用了多达100种的细菌和酵母，像酸奶一样，每份开菲尔中含有数十亿的活性微生物，富含数量庞大的多种微生物使其成为千家万户的最爱，在感冒和流感季节尤其受欢迎。开菲尔中微生物的多样性使其效益达到最大化，例如，在一个4口之家，每个家庭成员的微生物群至少会受益于其中的一部分细菌。

在西方，其他熟知的发酵食品包括酸菜（发酵白菜）、泡菜（发酵黄瓜和其他蔬菜）以及最近一种颇受欢迎的发酵甜茶——康普茶。除了这些现成的选择之外，世界各地的人们已经懂得了如何发酵几乎所有食物，包括豆类、水果、蔬菜、谷物甚至肉和鱼。臭鲨鱼是冰岛的传统菜品，这道菜是将鲨鱼肉放入充满沙子和砾石的山洞中发酵3个月的时间（有角度地放置使水分可以流出）制成，虽然我们无法亲自尝尝这道菜，但是它的味道一定十分特别！

益生菌：哪些方面被认可

最近，一个巨大的产业已经生根发芽，这为人们提供了更多的益生菌补充剂和含有益生菌的发酵食品。生产这些产品的公司希望公众相信食品或补品中的益生菌对健康的重要益处。

互联网上有许多赞扬食用细菌的好处和推广能够促进肠道健康的益生菌补充剂的网站，这些网站往往充斥着生僻的术语，如"合生元""功能性食品"和"营养素"，这些词语试图传达给人们希望、担心、疑惑，甚至三者都有。根据这些网站的说法，我们应该每日大量服用这些补充剂：如果你身体健康，他们会说这些产品可以维持健康和预防疾病；如果你的肠道不适，他们会说这些产品就是解决问题的良药。一些补充剂品牌如"终极植物群超临界"（Ultimate Flora Super Critical）、"原始防御"（Primal Defense）和"健康三位一体"（Healthy Trinity）都在大力宣扬着："如果你想保持健康，你需要我!"

尽管这些产品在网上不断地进行宣传，但医学界对于人体能否真正从益生菌中受益很少达成共识，然而，在刚刚过去的几年里，多个临床应用益生菌的例子使这方面的科学证据不断被强化。玛丽·艾伦·桑德斯博士是一位益生菌领域的独立咨询顾问，担任国际益生菌和益生元科学协会（Inter national Scientific Association fer Probiotics and Prebiotics, ISAPP）的执行董事。她认为，现在有令人信服的数据支持在一些情况下使用益生菌，如早产儿坏死性小肠结肠炎、服用抗生素引起的腹泻、急性腹泻甚至是普通感冒。

不幸的是，由于缺乏使用特定的益生菌菌株治疗特定疾病的科学结论，医学界大多数人只这样假定：益生菌不太可能造成伤害，有可能会有所帮助。考虑到良好的安全性和许多有望成功的初步研究，这可能是一个合理的解释。

普尔纳·迦叶波博士是明尼苏达州罗彻斯特市梅奥诊所（Mayo Clinic）个性化医学中心的微生物项目副主任。虽然是胃肠病学家，但他花了两年时间在斯坦福大学的我们的实验室学习微生物群是如何影响肠胃健康的。他在梅奥诊所的实践侧重于肠胃功能性紊乱，如肠易激综合征和运动障碍，对于是否应使用益生菌，他的方法是被动多于主动："如果一个病人问我，我不阻止使用但不建议把益生菌作为首选治疗方法。"

迦叶波博士对待益生菌的方法在内科医生中并不少见，一种方法在被验证之前需要经过严格和可重复的临床研究，并且得出可测量的结果而非简单的整体"感觉更好"，在此之前很多人不愿意去推荐这种方法。尽管对益生菌持有怀疑态度，迦叶波博士还是经常喝酪乳，这种脱脂乳制品让他想起在印度生活时，母亲每天给他做的酸奶。

名字的含义是什么

大多数消费者对"益生菌"抱有积极态度，这对于生产企业是一种激励，他们甚至以此来推销产品，然而有些时候，人们对益生菌的使用并不合理。根据国际益生菌和益生元科学协会的益生菌消费指南，只是产品叫"益生菌"并不意味着它就是一种真正的益生菌，一些产品贴上"益生菌"标签却不包含有效菌株，或不能在产品保质期前提供充足的活性益生菌。虽然企业做出很多承诺，但是消费者还是有理由怀疑有"益生菌"标签的产品。

有许多不同类型的细菌被当作益生菌投向市场。但是在我们深入研究之前，值得花几分钟探讨细菌是如何命名的，因为这些名字可能含有细菌的属性信息，消费者也应该意识到生产企业给细菌起的名字可以作为营销手段。

在专业领域，命名细菌用两个名字：属名和种名。双歧杆菌和乳酸菌（多个"属"的细菌）是最常见的商用益生菌。你可以把属名看作细菌的姓氏，注意这一点和西方人把名字放在前面而姓氏放在后面不一样（译注：这种习惯和中国人的姓+名的写法一致），所有属于一个特定的属的细菌是密切相关的。种名相当于一个人的名字，许多种名不一样的细菌组成一个特定的属。长双歧杆菌和动物双歧杆菌是两个不同种的同属细菌，它们比长双歧杆菌和嗜酸乳杆菌更加相似。此外，同属和同种的细菌可以有不同命名，这表示同一个物种可以存在细小的变异，举例来说，我们都是人类，但仍保留了一些个人特征来和其他所有人区分开来。对于细菌，一个特定的种类通常表示为属和种的名称加上一组字母和数字，例如动物双歧杆菌DN-173-010。特定的菌类可以有专利，拥有它们的公司通常会给它们起商品名。通常这些商品名是为了获得细菌和消化健康之间的关联，例如，碧悠（Activia）酸奶的包装盒上突出显示了达能公司的益生菌名称：B益畅菌（Bifidus regularis），这是动物双歧杆菌菌株的商用名称。根据市场的不同，同样的菌种有不同的商用名，在英国这被叫作双歧消化剂（Bifidus digestivum）。

有一种观点认为，我们的社会需要一些规定来防止生产益生菌产品的公司误导消费者，这种观点是部分正确的。"益生菌"一词被用于各种各样含有活菌的产品，美国食品和药品管理局（Food and Drug Administration, FDA）构建了一个复杂的框架，并根据产品用途不同来管理这些活菌，但由于市场上大多数益生菌产品不是为了治疗疾病，它们没有被归为药物，也不需要进行药物审批所需的测试和管理，FDA所关心的是这些产品的安全性，而不是效果。通过避免被划归药物，益生菌可以避开FDA的审查，同样是由于益生菌不是药物，FDA禁止这些产品在食品标签上宣称能够治疗疾病。

有如此多的"钱景"（和潜在的健康益处），你一定认为销售益生菌产品的公司会花大力气去决定哪个是最有益的细菌。事实上，只有很少一部分在食品或补充剂中的益生菌经历过（任何形式的）严格的筛选过程（尽管这些公司不同意这种说法）。虽然一些益生菌是根据其特殊属性而被选择，但是绝大多数的益生菌是根据发酵食品所表现出来的作用被选中的。

让我们来看一下大多数人接触益生菌的3个主要途径：（1）发酵的食品，如酸奶；（2）含有活性微生物但没有发酵的食品，如含有益生菌的燕麦棒；（3）营养补充剂中的益生菌。在所有情况下，特殊微生物的使用要么有"长期无不良影响"的历史记录，要么获得了"一般认为安全"（Generally regarded as safe, GRAS）的特殊称号。想要获得GRAS认证，需要权威专家就产品的食用安全达成一致，但由于预算问题，FDA已经基本上把益生菌登记GRAS设为自愿项目。

假设我打算自己开一家益生菌营养补充剂公司，起名为"免疫力助推者"，我的第一款益生菌补充剂将包含干酪乳杆菌，它是酸奶中的一个常见物质，所以我知道它是安全的，不会引起FDA的警觉，我有自己的益生菌专利，我将其商品名命名为"保健乳酸菌"在市场上出售。在全国药店上架出售之前，我需要告知FDA该产品的成分和安全信息，在告知他们的90天后，"保健乳酸菌"就可以供消费者挑选了——无须FDA的批准，于是，补充剂的安全责任交给了出售这些保健品的公司手中，如此松散的监管导致货架上满是作用可疑的产品也就不足为奇了。在许多情况下，瓶装益生菌保健品里活性微生物的属性和数量与瓶子的标签不匹配，更不用说一个相当重要的问题——这个产品能否有效地促进消费者健康。因此，"保健乳酸菌"实际上可能包含瓶子标签上未列出的其他类型的细菌，甚至完全不含有保健乳酸菌，而我的公司，"免疫力助推者"，永远也不需要提供文件证明保健乳酸菌是可以保健的！

由于企业可以受益于销售益生菌又不用证明其有效性，他们几乎没有动力去探索新的潜在益生菌。因此，长期以来，实用的益生菌仅限于几个传统的类型——发酵食品中使用的那些。虽然在不同的环境中（包括人类消化道）可能有许多其他类型的细菌适合作为益生菌，但是缺乏安全使用的历史记录是它们成为实际产品的一个巨大障碍。如果我决定"免疫力助推者"要推出一款新的益生菌补充剂，它是最近研究证明可能对人体健康有益的细菌，即使我不想在产品标签上标注健康说明，我仍然需要证明这种新细菌是安全的，这意味着需要在动物和人体进行广泛和昂贵的研究，或冒着被消费者或FDA诉讼的风险，大多数公司认为不值得冒这种风险。

益生菌的健康声明

关于健康声明的问题，美国的益生菌生产企业历来采取一种很实际的做法，让FDA要求的一套需要长时间和昂贵花销的临床试验过程形同虚设。桑德斯博士指出，在美国，生产益生菌产品的公司可以公布一种被称作"结构功能"的声明，把产品跟正常的人体"结构功能"联系在一起，同时不需要FDA的批准。尽管这些声明必须是真实且不会引起误解的，但对其证据的要求却是相当宽松。美国联邦贸易委员会（Federal Trade Commission, FTC）是美国决定产品宣传广告是否证据充足的机构。2010年，达能公司触碰这条红线的事件闹得沸沸扬扬。达能公司称饮用达能碧悠饮料已经在"临床上被证明有助于在两周内调节你的消化系统"，联邦贸易委员会裁定达能公司的健康声明说得言过其实，并且起诉达能公司发布虚假广告，达能公司此后放弃了"临床"一词和碧悠的广告，也不再说它可以缓解便秘了。

销售益生菌产品的公司使用精明的营销策略，让你相信他们的产品会改善你的健康，但是公平地说，这些只是天花乱坠的广告宣传吗？不幸的是，益生菌对肠道微生物群和宿主健康的影响背后的科学依据，在一定程度上被伪科学的糟糕表现削弱了，很多由生产益生菌和酸奶的公司赞助的研究存在明显的利益冲突。然而，随着我们对微生物群认识的增加，益生菌对人体健康的作用正在变成一个更加严肃的科学探索领域。玛丽·埃伦·桑德斯对临床使用益生菌的未来充满希望："有强有力的证据证明益生菌的临床益处，一些临床机构也已经接受这些证明。"目前正在进行更严谨的研究以确定益生菌是如何有利于人体健康的，益生菌对人体生物学的影响将被更多人接受。

益生元与合生元：益生菌伙伴

与益生菌不同，益生元不是活性生物体，但如益生菌一样，摄取它们的最终目标是增加结肠中的有益菌数量。益生元是食源性衍生物，通常是被称为复合碳水化合物或多糖的糖分子长链或多糖，是膳食纤维的一种纯净形式，它们不会被宿主（人体）吸收或代谢，因此能给结肠细菌提供营养。到达结肠的益生元，可以被微生物群中的细菌发酵，以促进这些细菌增长，进而对健康产生积极影响。

最常见的商用益生元之一是菊粉，它是含60个果糖分子的高分子聚合物，像链条那样紧密连接在一起。菊粉可以作为膳食补充剂进行购买，但它是自然存在于许多水果和蔬菜中的（特别是球茎类如洋葱和块茎类如洋姜）。我们反对以高果糖玉米糖浆的形式食用大量的果糖，这似乎与为改善健康而食用大量果糖聚合物的目标相违背，然而，关于果糖，关键在于细节。菊粉是一种果糖聚合物，但它在消化道中改变了自己的命运，因为此时它们与玉米糖浆中发现的单分子果糖不同。像放入水中的海绵一样，我们的消化系统非常善于吸收单分子果糖，并把它们输送到血液中。细菌也擅长发酵果糖，但由于我们在消化过程中过早地吸收了果糖，只有很少一部分能够到达我们大肠的微生物群所在处。相比之下，人类没有能力切断菊粉中将果糖链接在一起的化学键，因此这些化学键的作用就如同一个上锁的笼子，使我们无法获得果糖分子。一旦接触到微生物群中能够解锁的细菌，"笼子"就会被解锁，微生物群就可以享用它们的盛宴——单分子果糖，如果人体不存在微生物群，菊粉会毫发无损地直接通过我们的身体。

肠道微生物群能够发酵菊粉并产生短链脂肪酸。正如我们在第三章中提到的，短链脂肪酸可以被吸收以获取能量，还能保护我们的肠道免得各种炎症，所以尽管果糖名声不好，摄入果糖的方式还是值得思考的。聚合形式下的果糖，如菊粉，可以给人体内的微生物群提供食物。

许多益生元只是膳食纤维的净化形式，因此也大量地存在于植物中，例如菊粉和低聚果糖（Fructooligosaccharides, FOS），以及许多洋葱、大蒜和洋姜中含量丰富的其他碳水化合物的聚合物。事实上，几乎所有基于植物的聚合物和膳食纤维都可以看作是益生元，可以被微生物群吸收。

商店的整个农产品区应该有这样的标识或者提示："此产品含有益生元!"在研究微生物群的过程中，我们的家庭已经调整了食物摄入使这类产品变得最多，比如豆类，它们大多数品种都含有益生元成分。同益生菌一样，证明益生元有健康益处的科学依据的工作才刚刚开始，但是，大量证据显示，增加膳食纤维的摄入以支持微生物群能够为健康带来好处。

合生元是益生菌和益生元的混合体。合生元的英文为Synbiotics，其中的"syn"代表合作，因为这些混合体发挥的效果应该大于各部分的总和。益生元为益生菌提供食物，让你摄入的细菌到达结肠后数量变得更多。像益生菌一样，合生元不是药物，不受FDA的监管，也不能宣称可以治疗疾病，因此通常它们都有暗示性的名字，这些产品的标签措辞也是非常谨慎的，例如，"帮助恢复肠道微生物群的平衡"。合生元也越来越广泛地出现在商店中，但是我们通常通过摄入一碗酸奶（益生菌）配上香蕉片（含有菊粉的益生元）来制作自己的合生元食物，或者我们把含有洋葱（益生元）的沙拉拌着由酸奶油或酸乳酒（益生菌）制成的酱一起食用。记住，大多数水果和蔬菜是益生元的主要来源。

益生菌的前景

随着具体菌种的细化，未来，益生菌也许可以帮助治疗肠易激综合征、炎性肠病甚至肥胖及肥胖相关症状。桑德斯说道："我认为将来会有益生菌药物出现，它们的花费将会是酸奶的10倍。这类益生菌药物虽然可以有比现在的健康声明更加明确的说法，但是可能只是（与酸奶）相同的东西。"但在那之前，离针对哪些类型的益生菌对哪些情况的效果最好能够给出具体建议的那一天还很远。考虑到微生物群的个体差异性，有关的科学研究可能在对微生物群益生菌进行细致研究之前、期间和之后均受益于微生物群的广泛特征。如果100个参加临床试验的人中只有10个人对一种益生菌显示为给定的反应，那么益生菌可能被认为是无效的。然而，如果这10人都有一个相似的微生物群指纹图谱，明显区别于另外90人，那么也许我们可以预测谁将最有可能从这种益生菌中受益。我们正期待着个性化医疗的承诺对身边的医疗机构形成冲击，然而，很可能未来的益生菌治疗还包括来自发酵乳制品以外的细菌，它们也许来自人类的排泄物。事实上，益生菌保健品或酸奶中发现的很多双歧杆菌菌株，最初是从健康婴儿的尿布中提取并用于治疗腹泻的。

　　关于人体微生物群的爆炸性信息为哪种类型的细菌可能是有效的新型益生菌提供了线索。柔嫩梭菌是一种常见的人体肠道细菌，通常可以减少个人患上炎性肠病、克罗恩病、溃疡性结肠炎和结肠直肠癌，带有这种细菌的老鼠较少发生肠道炎症和其他的主动免疫问题，这使其有望成为有效的益生菌。只有时间能告诉我们，某些细菌，如柔嫩梭菌群，能否植入患者体内以帮助改善症状。显然，补充有益的细菌有巨大的保健效果，它们不只是人体的临时成员，而可以在肠道内永久生存。

　　我们也可以使用多种类型的细菌，如一种益生菌"鸡尾酒"。细菌可以与同类或与它们寄居的人体之间发生协同作用，这种相互间的协同所产生的效果往往大于预期。如果肠道包含一个不稳定的微生物群，将单一菌株放入其中可能相当于让孤立无援的消防队员去对付6级火灾，但是，如果拥有额外的工具如消防梯、消防水管和其他救援人员，消防员们的行动将是非常有效的。认真审视在健康的微生物群中所发现的细菌，可能有助于我们识别特殊的有益菌株，相互之间有很好的协同关系是发现新益生菌的可行之路。

　　但是，在我们肠道外还有另一个数量庞大的微生物群，可能包含未经加工的益生菌宝库——泥土。

　　食土癖普遍存在于动物界。在不经意之间，我们已经通过双手或清洗不彻底的产品吃进了泥土，并且像吃食盐一样有意地食用了它们。在一些人类文化中，人们故意使用泥土，在海地，一些人会吃一种泥土饼干，它是由黄油、糖和泥土做成的。根据《精神障碍的诊断与统计手册》，尽管吃土的做法已经流传了数百年，但是这种行为是不正常的。

　　除了饥饿之外，目前还不清楚为什么有些人喜欢吃土。大多数理论都围绕着这样一个观点：泥土可以补充（营养缺乏者的）营养，或者泥土（特别是黏土）能够吸收消化道内的毒素。事实上，食土可以有效地治疗恶心，但是，除了增加营养和最大限度地减少有害毒素外，如果摄取泥土中的微生物群真的对人类有益呢？一个公司正在就此做着讨论，并且推出了一款益生菌保健品，这个产品中的细菌不是来自发酵乳制品或人为分离的微生物，而是在泥土中发现的一种微生物混合物。有证据表明，食用土壤细菌可以减轻肠易激综合征有关的症状，也许生活在没有泥土的清洁的工业化世界中的人们是有问题的，而土壤中的益生菌对人类的重新进化起到了重要的作用。摄取土壤中的细菌能否经得起科学的严格审查尚不得而知，但是，在从更传统的来源得到的益生菌似乎没有给人们带来好处的前提下，将土壤细菌制成益生菌或许值得一试。

关于益生菌的未来，一个令人兴奋的可能性是细菌基因工程。想象一下这种场景：由于炎性肠病，你正在经历着肠道炎症。有这样一个设计好的"智能"益生菌，当它经过你的肠道时，可以感觉到哪里有炎症，并且直接提供有针对性的抗炎分子到那个地方——一个微生物世界的智能炸弹，随后，益生菌可以感受到炎症何时恢复，然后停止释放抗炎药物。细菌也可以作为传感器被设计用来执行诊断测试工作，能够在疾病的早期阶段及时探测到它们，这些微生物信号甚至可以使可怕的结肠镜检查变为历史。

益生菌的使用指导

我们的祖先是细菌的食客，他们所吃的细菌范围之广是我们大多数人达不到的。这些细菌有些是有益的，有些则是有问题的，有问题的细菌，是导致我们的食物、水、房屋、衣服、厨房用具和塑料饰品高度卫生化的原因。很少有人会认为尽可能多的消除环境中致病性微生物是一件不好的事情，但让所有微生物近乎灭绝肯定不是最好的办法。也许，我们与其试图创建一个隔绝微生物的空间，倒不如用益生菌之类的有益微生物来代替那些不良的微生物。

在使用益生菌治疗疾病之前，非常有必要与你的医生确定哪些特定的益生菌最适合你。虽然人类已经安全地食用了数百年益生菌，但是对免疫功能低下的患者来说，食用益生菌却可能存在问题，这就凸显了和医生探讨的必要性。益生菌可能对健康人群预防疾病而不是治疗疾病更加有益。

可食用的活性菌有多种形式，如营养补充剂、未经消毒的发酵食品（如酸奶、酸菜、泡菜或味噌酱），还有添加活菌的未发酵食物（如含益生菌的果汁饮料）。酸奶油、黄油和某些奶酪是含有活性菌的发酵或非发酵食品的例子，这些包含细菌的产品通常比有"活性乳酸菌"标签（每克中至少1亿细菌）的产品含菌量少，但可以贴上"培养菌"的标签，其他的传统发酵食物，如泡菜，现在经常使用醋加盐水腌制，而不是用细菌来酿制。一些发酵食品经过了巴氏消毒（杀死细菌的过程），因此不含活性微生物。如果发酵食品不需冷藏，只要放在罐子或缸里室温下保存（如泡菜罐头），它就可能不包含任何活性微生物，所以，如果你想确保产品含有活性微生物，仔细阅读产品标签是非常重要的，大多数益生菌产品都自豪地在产品标签上展示这一事实。

我们的家庭通常是通过饮用发酵乳制品，食用微生物，如饮用酸奶和酸乳酒。当一种疾病似乎要出现时，我们的细菌摄入量会有所增加。我们喜欢酸奶和酸乳酒纯粹是个人喜好，而不是由于这些产品的益生菌比其他类型的发酵食品更好。我们偶尔吃味噌酱、韩国泡菜，甚至自己制作泡菜，但是，在选择商店货架上的酸奶产品时，注意那些宣称是儿童健康零食的糖泡麦片，不加糖的发酵乳制品绝对可以成为一些人的喜好，尤其是儿童。发酵酸奶中的乳酸菌会发出浓烈的酸味，并抑制甜味，防止孩子立即拒绝食用酸味扑鼻的无糖原味酸奶的方法是添加甜味剂，如蜂蜜或枫糖，然后逐渐减少其用量，直到不再需要甜味剂。在原味酸奶中添加新鲜或冷冻的浆果或其他水果增加酸奶的甜味是另一种方法，同时也添加了一些益生元。

我们的家庭不经常摄取益生菌补充剂，我们认为，发酵食品中的各种细菌已经很好地提供了有益健康的微生物。但是在过去，我们在使用抗生素之后会食用补充剂和发酵食品，为肠道补充更加大量的细菌来弥补微生物群的损失。我们考虑使用补充剂的另一种情况是在腹泻之后，使用抗生素和腹泻是机会性病原体爆发而造成健康问题的两种情况。益生菌所提供的额外的细菌种类有可能帮助你避开试图利用脆弱肠道的致病微生物。

由于每个人体内微生物群的性质不同，我们无法预测哪些类型、多少数量以及什么条件下益生菌会对人体有帮助，因而找到适合你体内微生物群的益生菌就尤为重要。益生菌产品导致的腹胀、胀气或头痛会令你不舒服，但使用益生菌的一个明显的好处就是更加规律、轻松的排便。你可能需要反复试验各种类型的益生菌食品和补充剂，找到最适合你身体的一款。

你可以尝试很多益生菌食物，如乳制品，但是也有不含奶的选择。我们可以很轻松地列出一系列发酵食品名单来帮助你做出选择。互联网上也有大型的在线供应商提供发酵剂，你可以自己制作酸奶、酸乳酒、康普茶，甚至是发酵豆制品、大米和蔬菜，如果上述这些选项都不适合你，或者你觉得使用补充剂对你更有益，请记住，你有很多不同来源的选择。为了避免可疑的益生菌制造商，从值得信赖的公司购买产品是很重要的。知名的生产益生菌产品的公司会提供其产品的研究信息，产品标签上也会清楚地写明产品包含的细菌名称以及保质期。对于只标明生产日期的产品我们应该保持怀疑。美国药典委员会（U.S.Pharmacopeial Convention, USP）是一个非营利科研机构，他们对产品的标签提供第三方产品评估。

在寻找正确的益生菌时，你需要系统地尝试不同的产品，直到找到看上去对你有效的那一类。那么如何去分辨呢？在你没有出现明显的症状时，身体内微生物群变化的最大线索就是你的粪便。理想的粪便是平滑、柔软并且容易排出的，大便会像蛇一样流畅地排出来，大便在中间断开则是便秘的表现，没有溅起水花也意味着大便是正常的。

第五章

养活数万亿张嘴

微生物群灭绝事件

人类食物的来源从狩猎和采集过渡到农耕，再到工厂生产的食品，肠道微生物群也不得不随之进行调整。在食品生产技术创新期间，一些类型的细菌已经消失，并且很有可能从现代西方人的肠道中灭绝，许多因素造成了微生物群多样性的缺失。一部分微生物的灭绝是由于缺乏食源性微生物（好的类型），这种微生物可以通过吃发酵食物进行修复，如同我们在前一章讨论的那样。第二个原因是我们的饮食中缺少植物膳食纤维，几千年来，植物性食物培养了人体微生物群，现在植物性食物不再占据我们饮食的大部分，我们的微生物群正在忍受痛苦。

有两种改善微生物群多样性的方法：有益微生物摄取量的增加和改善提供给肠道微生物的食物种类，两种方法可以同时用于减缓我们肠道内微生物群灭绝事件的发生。"额外"的细菌来源包括富含细菌的发酵食品，如酸奶、腌菜、酸菜、韩国泡菜和康普茶，以及来自花园和宠物身上的环境微生物，不使用有毒的抗菌消毒剂对房屋进行消毒，对我们的肠道和微生物接触也有帮助，饮食是决定你会让哪些微生物留下来的一个重要因素。

　　增加膳食纤维对培养微生物群的多样性至关重要。肠道微生物群以复合碳水化合物为生，而这里所说的复合碳水化合物是膳食纤维的主要组成部分。淀粉类食品和碳酸饮料中的简单碳水化合物会被我们的小肠吸收，很少能达到遥远的结肠中的微生物群所在地，复合碳水化合物却与之有很大的不同，但是与其用"膳食纤维"这个不精确的术语，我们更喜欢说"微生物群的碳水化合物"（Microbiota Accessible Carbohydrates, MACs），MACs是肠道微生物赖以为生的富含膳食纤维的混合物。吃越多的MACs，就越能为微生物群提供营养，帮助肠道微生物的产生，并提高微生物群的多样性，但是这需要对工业化时代的缺少膳食纤维的饮食习惯进行一次巨大的变革。我们家人开玩笑说，我们吃的东西是"巨无霸套餐"，这种饮食中富含从水果、蔬菜、豆类以及未经提炼的全谷物得来的复合碳水化合物，旨在创造和维护肠道微生物群的多样性。

我们的微生物群：最终的回收者

　　在众多的关于肠道微生物群是如何控制健康的启示之中，一个中心的主题是揭示如何控制这些微生物：微生物群直接对饮食产生反应，肠道内的微生物种类（它们的组成）和它们在做什么（它们的功能），是你的饮食产生的直接结果。吃什么类型的食物能创造和支持最好的微生物群？在充满了关于吃什么的艰难决定的生活中，选择低脂或低碳水化合物饮食就更好吗？我应该吃有机食物吗？我可以在刚刚吃过一大堆薯条之后而少吃一点饭吗？你可以根据一些简单的规则来增加你的微生物群碳水化合物饮食，以培养健康的微生物群，但是，为了让微生物群保持健康，我们需要了解如何养活这些微生物，并且需要一些关于食物通过消化道时将会发生什么的基本知识。

消化系统的运作很像一个高效的垃圾处理设施，就像废弃物品被丢到传送带上进行分类一样，我们的胃把其中的内容物（我们的最近一餐）倒入小肠，消化道便开始了对这些物质进行分类排序的过程——脂肪、蛋白质、碳水化合物、盐、维生素和其他的化合物。在传送带上，有价值的材料如玻璃、金属和其他可回收物体被首先筛选出来，同样地，小肠也会吸收有价值的"可回收"材料，如单分子碳水化合物、蛋白质中的氨基酸和脂肪酸，这些食物成分具有较高的热值，可以很容易地被当作人体的能源，或者在某些情况下被身体回收，建立起新的组织。

垃圾管理的下一步是剔除可以用作肥料的生物材料。类似地，消化道将剩下的难消化的、未被吸收的部分送入大肠由微生物群进行转化。大部分运往结肠的材料都是膳食纤维，人类小肠内的酶无法将其消化为有用的热量或营养，然而，对于微生物群来说，这些膳食纤维与微生物群碳水化合物一起提供了一顿名副其实的微生物盛宴。

微生物废物的价值

肠道微生物群完全依赖于我们所选择的食物。一些类型的微生物喜欢吃香蕉中的MACs，另外一些微生物则对洋葱感觉良好。通过吃什么，我们能够决定哪些微生物较好，繁殖较快，从而在数量上变得更加丰富，另一方面，食物中被这些微生物专门吃掉的复合碳水化合物，并不是我们可利用的，所以这些微生物并非不劳而获，只是消耗人体用不到的物质。

像地球上所有的生命形式一样，微生物通过吸收和代谢过程为自身的生长和繁殖提供能量（在生物学里叫细菌的细胞分裂），对于像我们这样的有性繁殖的物种来说，细菌的这种繁殖方式看起来有点任性，但是每一个细菌的目的都是尽可能多的复制其本身，那些在特定的环境中繁殖最有效的物种将存活下来，并占据主导地位——这是自然选择的最基本形式。当微生物的基因组和获取、删除或修改过的基因相结合时，一代又一代的微生物可进化并提高在肠道内的竞争能力。

肠道内营养资源的竞争非常激烈，这迫使微生物群为了生存进化出多样且聪明的代谢策略，但不管采用什么策略，所有肠道微生物都面临着如何获得热量的几大挑战：第一个挑战是如何在缺乏氧气的条件下获取能量。肠道是一个无氧或厌氧的环境，人体细胞利用氧气进行有氧代谢，作为构建身体和提供能量的基础，然而，微生物群必须在缺氧的条件下进行代谢或发酵，以产生能量，并且创造不含氧的重要分子；第二个挑战是新陈代谢必须足够快。食物通过消化道迅速移动，这迫使细菌快速消耗任何路过的有用营养。大多数人类肠道细菌解决问题所用的策略是快速发酵微生物群碳水化合物，这是结肠内最丰富的资源之一。在肠道以外的各种环境中的微生物群也在进行着相似的发酵作用，例如，用于制造酸奶的细菌将牛奶中的乳糖发酵成乳酸。最知名的一种发酵就是酵母将淀粉、蔗糖和其他糖类转化为乙醇，人类利用此过程造出了啤酒和葡萄酒。与啤酒和酸奶不同，肠道内的发酵产物中，乙醇和乳酸很罕见，最常见的肠道内发酵产物是短链脂肪酸（Short-Chain Fatty Acids, SCFAs）。

短链脂肪酸为人类提供了少量从植物碳水化合物中获取的热量，如果不经微生物的消耗，就不会有这些热量。微生物群挤压每一丝它们食物中的碳水化合物的热量，但不能从短链脂肪酸中获得热量，短链脂肪酸产生热量需要氧气，而肠道是一个无氧的环境。当人体从肠道吸收短链脂肪酸进入身体的含氧组织时，会从无法消化的膳食纤维中获取最后剩余的热量。在原始的草原上，食物数量稀少，人类靠食用野生浆果和根茎的方式来获得大量膳食纤维。微生物群提供的短链脂肪酸很可能是人们所获得的食物热量的一个重要贡献者，并且为这里的人们进行狩猎和采集提供足够的能量。

然而，在充满热量的现代西方饮食中，微生物群所产生的短链脂肪酸仅仅贡献了每日总热量的6%~10%，相当于大约20个杏仁所提供的能量，它们在总数上不是很多，但对肥胖相关疾病的人数达到灾难性水平的群体来说，仍显得多余。难道我们不应该试图消除所有不必要的热量吗？如果我们消灭了这些微生物群会怎样？无菌的肠道能让我们更苗条吗？也许吧。体内没有微生物群的老鼠吃更多的食物，但体重比有微生物群的老鼠要轻。但是由于人类无法永久居住在无菌环境中（像缺少微生物群的老鼠的生活方式），试图消除微生物就需要持续的高剂量的抗生素，但是我们这样做了也可能无法完全清除我们的肠道微生物，因为细菌的适应性很强，抗药性细菌会在其他细菌被杀死的同时迅速填满我们的肠道。

短链脂肪酸虽然可以为人体提供额外的热量，但是越来越清楚的是，它们实际上对我们的身体扮演着更重要的角色，我们应该从另外一个角度来看待这个问题，尝试通过摄取更多微生物碳水化合物来促进短链脂肪酸的形成。短链脂肪酸是我们身体的重要功能媒介，并且有证据表明，它们不会导致体重增加。

不仅仅是清空食物热量

短链脂肪酸影响人类健康的方式有很多，它能提供额外的食物热量，但是人们吃了作为短链脂肪酸原料的高膳食纤维食物实际上会减少体重。这种矛盾让人想起在法国观察到的一幕：在那里，人们吃的食物中脂肪含量相对较高，但却不容易增加体重。一个可能的解释是，短链脂肪酸让我们在更长时间里感觉很饱，所以我们总体消耗更少的热量，也许我们吃的发酵菠菜沙拉中的短链脂肪酸只是增加了一些额外的热量，但它们可以使我们有饱腹感，阻止我们再去吃饼干或其他甜点。

短链脂肪酸只是微生物群产生的可以促进健康的物质之一。微生物群内的代谢途径极其复杂，并且有能力合成多种肠道内化学分子。科学家们已经检测到了多种微生物群产生的分子，但对它们中的大多数的"身份"和它们是如何影响身体的仍不清楚。

缺乏膳食纤维会改变微生物群，并且导致了大部分现代疾病（译者：指肥胖、糖尿病、冠心病等慢性非传染性疾病）的形成的观点，是目前微生物群研究的主流理论之一。给发酵微生物群提供更多的膳食纤维，可能会导致体重降低、炎症减轻并减少患西方疾病的风险，当然还会使人体形成一个更稳定的、多样化的微生物群。许多传统社会的人们比现代西方人食用更多的植物性食物，而西方人食用的植物性食物往往是低膳食纤维的，主要包括简单的淀粉，在小肠中被回收。值得注意的是，来自摄取高膳食纤维食物为主的地区的人有更加多样化的微生物群（其中一些微生物从未在西方人的微生物群中被发现），他们的炎症性疾病发生率也低得多，但是，摄取高膳食纤维会使疾病减少的观念真的是新产生的吗？

被长期遗忘的膳食纤维的好处

托马斯·克里夫博士是20世纪50年代第一批推广增加膳食纤维摄入的医生之一，在他的著作《糖多症论》（1974）中，他提出了这样的论点：许多现代疾病是过度摄入精制碳水化合物和减少摄入膳食纤维的结果。克里夫曾是一个在"二战"期间照顾水兵的英国海军医生，由于海军战舰上缺少水果和蔬菜，这些水手经常出现便秘，克里夫就给他们吃麸皮，水手们的迅速恢复使得克里夫大胆地建议食用麸皮来应对多种健康问题，从憩室炎、痔疮到蛀牙和头痛。他认为麸皮具有治疗功能的主张，为他赢得了"麸皮人"的昵称，同时获得了"狂热的膳食纤维支持者"的名声。许多人认为，现代疾病是饮食中糖太多而膳食纤维少得可怜的结果，然而，克里夫的观点非但没有被当时的社会接受，甚至还受到医学界的指责。

丹尼斯·伯基特博士是一位外科医生，他花了很多时间在非洲的医院里调查和治疗一种癌症，这种癌症被人们称为伯基特淋巴瘤。伯基特读过一些克里夫的著作，而且因为在非洲的经验，他注意到：许多非洲人的高膳食纤维饮食结构似乎让他们不受糖尿病、心脏病、结肠直肠癌甚至痔疮、便秘等疾病的困扰。像克里夫一样，伯基特对膳食纤维在人类健康中扮演的角色产生了极大的兴趣。伯基特和亚历克·沃克以及休·特劳尔发现，非洲农民的排便量是西方人的3~5倍；食物通过肠道的速度比西方人快2倍；摄取的膳食纤维的量（60~140克）是西方人的（20克）3~7倍。伯基特用他的余生来研究和宣传摄取膳食纤维对健康的重要性，他对高膳食纤维饮食的重要性的显著声明是：作为一个国家，"如果你只有小量的粪便，那么你必须有大医院。"

克里夫、伯基特、沃克和许多其他人的研究，使得FDA在1977年发出倡议，建议美国人增加膳食纤维的摄入量。食品制造商紧随其后，把膳食纤维含量放在产品显著位置。1997年，FDA允许一些含有膳食纤维的食物宣称"可以降低患心脏病的风险"。在伯基特公开谈论过的膳食纤维与健康之间关系的城市中，麸皮出售的速度很快，"粗粮"也变成了家喻户晓的名词。

为什么不是所有人都吃高膳食纤维食物呢？说起来很不幸，就在膳食纤维的优点被大力传扬时，很多人将注意力转移到了膳食脂肪。脂肪不仅被当作是我们腰围的敌人，同时也影响我们的心脏功能，让我们有患一连串现代疾病的倾向。低脂产品无处不在，美国人把注意力集中在脂肪的克数上，而不是看包装上的膳食纤维含量。低脂的论点在直观上有意义，如果你想减肥，你需要少吃脂肪，看起来如此简单。关于高膳食纤维的争论依然不明朗：高膳食纤维减少患西方疾病的风险，但是我们真的不理解其中的原因。

在为克里夫的著作《糖多症论》所写的前言中，伯基特承认，尽管低膳食纤维和西方疾病之间的关联很明确，但是这背后的原因却不明了。"解释饮食变化是如何导致各种各样的疾病的机制，可能需要知识的进步来推动。"与克里夫那个时代不同的是，现在，我们终于开始了解这是为什么了：我们的微生物群需要膳食纤维。

碳水化合物的"坏名声"

碳水化合物一词有很多含义，我们每个人可能都知道，有人一直在吃低碳水化合物饮食，或者你自己就在使用低碳水化合物饮食法。阿特金斯健康饮食法、迈阿密饮食法、区域饮食法、原始人饮食法和其他饮食方法层出不穷，美国卡卡圈坊甚至指责这些方法让他们损失严重，但是在我们对碳水化合物恶语相向之前，我们需要清晰地理解它们到底是什么东西。碳水化合物是含有碳、氢、氧成分的有机物，它们是动物的主要能量来源。碳水化合物包含的物质非常丰富，对我们而言，碳水化合物可以分为三大类：被人类消化的种类、被微生物群消化的种类和那些未能消化而被排出体外的种类。

首先让我们来看看不经过微生物帮忙，由人类消化和吸收的碳水化合物。单糖是最简单的碳水化合物，包括葡萄糖或果糖等分子，单糖可以直接由消化道吸收进入血液。两个单糖连接在一起被称为双糖，乳糖和蔗糖（我们餐桌上的糖类）就是双糖。食物中的单糖和双糖在食品标签上统一标为"糖类"。多糖是由许多单糖连接在一起，也被称为复合碳水化合物。淀粉就是多糖的一种，但是，与简单的单糖和双糖相似的是，大多数类型的淀粉在到达大肠之前就被消化和吸收。淀粉是许多现代饮食的主要成分：意大利面、白面包、土豆和米饭都富含淀粉。大部分淀粉可以被我们的消化系统转化为单糖（葡萄糖），在接触到微生物群之前为血液所吸收，然而，在浏览营养标签时，食品中的淀粉含量却没有单糖或双糖那样可以被我们的消化系统明显标示出来。

第二类碳水化合物——微生物群可吸收碳水化合物，是用来喂养微生物群的，人类吃的不同植物中有成千上万种不同类型的微生物群可吸收的碳水化合物。低聚糖由3~9个单糖组成，主要存在于豆类、全谷类食物、水果和蔬菜中。大多数低聚糖不会被小肠消化，它们被传送到结肠，并被那里的细菌迅速发酵，同样地，非淀粉多糖，如水果中的果胶和洋葱中的菊粉，是由10到数以百计的单糖连在一起，它们注定要被微生物群转换成短链脂肪酸。

最后一类是通过消化道却没有改变的碳水化合物，它们大多数是多糖，拥有一些防止人类或微生物对其消化吸收的化学或物理特性。纤维素，植物细胞壁中的木质纤维，就是这样顽固的多糖。虽然其他动物的肠道微生物群，如牛胃或白蚁肠道中的微生物群，能够完全消化纤维素，但这些动物所吃食物在消化道中存留的时间比人类更长。

被作为甜味剂使用的单糖和易于被肠道吸收的淀粉给碳水化合物带来了"坏名声"。食用这些"讨厌的"简单碳水化合物会使血糖迅速上升，身体通过释放胰岛素对高血糖做出反应，允许肝脏、肌肉和脂肪细胞吸收这种游离糖。胰岛素也可以防止身体利用脂肪作为能量，直到所有的糖类已经用光或以糖原的形式将其储存起来。如果血糖水平不断升高，比如吃了含太多简单碳水化合物的食物，本来对胰岛素反应敏感的细胞会对胰岛素产生耐受，渐渐地，这些细胞对持续高水平的胰岛素变得不敏感，并且开始忽略胰岛素，这是2型糖尿病形成的一个常见过程，这种对胰岛素的"脱敏"会引起危险的高血糖，导致心脏病、卒中和肾功能衰竭。

吃特定的食物后血糖增加的速度可以用食物血糖生成指数（血糖指数）来衡量，葡萄糖最快被血液吸收，其血糖指数为100，食物的血糖指数可以分为高（大于70）、中等（56~69）和低（小于55）。食物包含的碳水化合物越容易被消化（如单糖和双糖），它的血糖指数就越高。白面包、白米饭和土豆都是高血糖指数的食物。中等血糖指数食物包括全麦面包、糙米和未去皮的土豆。豆类、种子和全谷物属于低血糖指数食物，这是由于它们中有大量的单糖、双糖、淀粉和极其丰富的非淀粉类复合碳水化合物。

比血糖指数更重要的是食品的血糖负荷。血糖指数告诉你食品中的碳水化合物提升血糖水平的速度，血糖负荷则考虑多少数量的碳水化合物，如一道菜，会导致你的血糖上升。南瓜就是血糖负荷比血糖指数更有意义的一个很好的例子，由于在南瓜里发现了多种类型的碳水化合物，所以南瓜有很高的血糖指数，但是一份南瓜对血糖水平的总体影响却非常小，这反映了其较低的血糖负荷。大多数蔬菜都有较低的血糖负荷和很高的微生物群可吸收碳水化合物含量。蒸过或煮过的毛豆（甚至是以微波加工过的）、酸奶配新鲜水果和坚果、全麦面包夹鹰嘴豆泥都是我们最喜欢的低血糖负荷和高微生物群可吸收碳水化合物含量零食。我们发现，利用网络资源去了解食品和零食，尤其是那些有较低的血糖负荷的食物，是指导我们在商店购买食品的很好方式。

为了肠道微生物，仔细阅读食物营养标签

观察商店里卖的食物的营养价值很重要。通过研究食品包装上的所有文字（健康声明、成分表和营养元素），我们希望清楚地得知应该或不应该买这些食物。尽管健康声明是最容易理解的部分，但是我们很难辨别这些标签是真正有益的还是"炒

作"，就连出身于生物化学专业的我们在看到许多产品的成分列表时都无法理解，通常这提示我们最好把这样的东西放回架子上。

按照FDA的要求，营养标签旨在为顾客提供简单和统一的关于食品的信息。标签的主要内容包括热量、脂肪、胆固醇、钠、蛋白质和糖类总含量。大多数人主要关注热量和脂肪或糖类的克数，忽视了其他，可惜的是，我们认为的关于食品碳水化合物中最重要的两个信息——血糖负荷和为微生物群提供营养的碳水化合物——没有出现在食品标签上，因此，了解碳水化合物是如何分类的，将帮助你了解食品中大致的可给微生物群提供营养的碳水化合物的数量。

总碳水化合物含量是给食物样品称重并减去其中的蛋白质、脂肪、水分和灰分（它是衡量铁和碳酸氢盐之类的非有机分子的依据）后决定的，换句话说，碳水化合物不是被直接测量的，而是取决于测量其他物质后还剩下什么。在总碳水化合物中，糖类的二级分类和膳食纤维通常会出现在食品标签上。你可能已经注意到，糖加膳食纤维并不一定等于碳水化合物的总量，这是因为有几种类型的碳水化合物没有算在这两个二级分类中。糖的含量包括很容易被血液吸收的单糖、双糖的所有重量，碳水化合物很容易被吸收进入血液。膳食纤维是多糖混合物，是衡量食物能否给你的微生物群提供营养的标志，但在这方面，消费者应该注意一些重要的局限性。

"膳食纤维"一词被不同的官方组织给以不同的定义。有些定义如由微生物群进行发酵的碳水化合物，类似于可以给微生物群提供营养的碳水化合物的定义，而其他一些定义不关注微生物群。

根据联合国粮农组织统计，至少有15种不同的方法被用来确定食品成分标签中的膳食纤维。不同实验室的测定方法存在着差别，这导致被确定的膳食纤维含量略有不同，最终会有更好的方法被研究出来，用以判断哪些食品碳水化合物可能会被结肠微生物群发酵，即作为可以给微生物群提供营养的碳水化合物。但请记住一点，由于人与人之间的微生物群不同，每个人的微生物群也会随着时间的推移不断变化，这样的实验仍然只能作为猜想，在具体的微生物群实验能够量化食品中可以给微生物群提供营养的碳水化合物之前，膳食纤维含量可以作为最好的替代物。

把定义和测量膳食纤维的问题放在一边，如果你查看众多包装食品的营养成分标签，你会发现我们通常吃的那些食品缺乏膳食纤维，用精制面粉添加大量糖制成的包装食品无法为微生物群提供食物，肠内的微生物群就变得饥肠辘辘。FDA建议一个成年男性每天消耗38克，女性每天消耗29克膳食纤维，尽管存在着很多这方面的建议，美国人平均每天消耗的膳食纤维量却只有区区15克，这一不足无疑是导致西方人微生物群结构改变的原因。

尽管你的脑海中可能会浮现出微生物的瘦弱形象，但严格来说不是这么回事：细菌可以在缺少膳食纤维的情况下获得极其丰富的食物资源，这是因为它们有另一个碳水化合物来源，那就是我们的肠道黏液。在摄入膳食纤维较少的时期，细菌可以利用肠壁细胞不断往肠道内分泌的黏液中的碳水化合物来维持自身的生存，肠道黏液是保护人类细胞不直接和微生物群接触的屏障。但是通过享用黏液碳水化合物，我们的微生物群消耗掉了保护肠道的黏液层，这影响了屏障功能并增加了炎症的出现。虽然肠道黏液的减少对人体健康的长期影响仍是未知，但初步实验表明肠道黏液的减少会导致结肠炎。微生物群的适应能力是很强的：一旦为它们提供富含膳食纤维的食物，许多微生物就会把它们的注意力从黏液转到你最近吃的东西上来。

供微生物群食用的碳水化合物

因为"膳食纤维"一词带有不确定性，我们喜欢说"微生物群可食用的碳水化合物"，来考虑你吃下的食物是否能给微生物群提供营养。正如前面所讨论的，微生物群可食用的碳水化合物存在于各种植物中，如水果、蔬菜、豆类、谷物，供微生物群发酵。食物中的膳食纤维以及膳食纤维补充剂可能包含微生物群无法吸收的碳水化合物，因此不能对其进行发酵，这些不可发酵膳食纤维可以很有效地缓解便秘，它们作为填充剂，让粪便吸收更多的水分，使得排便更加容易，但是为了养活你的微生物群，产生短链脂肪酸，你需要摄取微生物可食用的碳水化合物，你摄入的量越多，肠道中的发酵反应就越多，产生的短链脂肪酸也越多。使用哪种碳水化合物来供给微生物群确定了相应的微生物的蓬勃发展、有多少不同类型的细菌组成你的微生物群（群体的多样化如何）、这个群体能带来什么样的功能。如果你吃了很多含有菊粉的洋葱，擅长发酵菊粉的微生物数量将变得更加充裕。苹果非常受能分解果胶的细菌的欢迎，麦麸可以给能够消化阿糖基木聚糖的微生物提供营养，蘑菇则能使喜欢聚焦甘露聚糖的微生物在肠道中蓬勃生长。我们已经给一些知名的微生物群可食用碳水化合物起了与这些食物有关的名字，但是每个植物都包含各种各样给微生物群提供营养的碳水化合物（以及许多不被微生物降解的碳水化合物）。

想要用与测量蛋白质含量的相同方法测量食物样本中的微生物可食用碳水化合物是不可能的，由于每个人的微生物群具有个性，对一个人适用的微生物群可食用的碳水化合物可能并不适合另一个人。2010年，一群科学家研究了一种叫作紫菜聚糖酶的物质，这种酶分解在海藻中发现的一种多糖，这种海藻就是我们熟知的紫菜，通常作为日本寿司皮和很多日本料理的配菜。不足为奇的是，为了能吃到海藻，某些海洋细菌携带分解紫菜的酶的基因，然而，令人惊奇的是，这些基因也存在于肠道微生物群里。为什么肠道微生物群含有能分解海藻的酶呢？当科学家们发现这些基因存在于日本人的微生物群基因组中，却没有在美国人的微生物群中发现时，答案显而易见。在历史的某一时刻，食用海藻的日本人体内的微生物群开始适应这一新的食物来源。这是怎么发生的？最有可能的答案是，当人们吃海藻时，他们也吃掉了以海藻为生的海洋细菌——这是一个未经消毒的食物带来有益的自然微生物的例子，当这些海洋细菌通过大肠时，它们的遗传物质转移到肠道细菌身上，突然之间，一个新功能在肠道内诞生了。

　　微生物群以海藻为食的例子，说明了关于微生物群的两个重要问题。首先，和人类自身的基因组不同，微生物群基因组能在相对短的时间内高度适应环境。选择饮食中的植物是改变或维持微生物群成员的主要方式之一，如果拥有能够消化紫菜的微生物群的日本人完全停止食用紫菜，微生物群的这种能力最终会消失。其次，尽管微生物群基因组内包含绝大多数的基因，只有相当频繁地被使用和对微生物有用的基因能够保留下来。我们的微生物群的基因要为微生物的生存付出代价，每次分裂时必须进行自身复制，为了尽量减少额外的消耗，微生物群保持其基因组的相对整洁，仅保存有用的基因。

"富有的"微生物群或"贫穷的"微生物群

饮食中给微生物群提供营养的碳水化合物的种类和数量影响体内微生物群的组成，像西方人那样减少摄入给微生物群提供营养的碳水化合物，微生物群会主动进行适应性调整就很合乎情理了。在2013年发表的一项研究中，多国科学家观察了292个丹麦人体内的微生物群的基因数量。他们发现这些人可以分为两组，一组人的微生物群中包含很多基因，即"富有的"微生物，另一组包含的基因则相对较少，即"贫穷的"微生物群。"富有群"更有可能拥有抗炎的肠道细菌物种，人也可能更加苗条。"贫穷群"不仅有更多的炎症相关菌种，像那些患有炎性肠病的人，他们也有可能更加肥胖、有更高的胰岛素抵抗，并且有生成更多的致癌化合物的代谢潜力，换句话说，这些微生物群贫乏的人有可能已经走在了患2型糖尿病、心血管病、肝脏疾病和癌症的路上。那些拥有丰富微生物群的人拥有更多产生促进健康的短链脂肪酸的基因。你能猜出哪一组更有可能随着时间的推移体重增加吗？答案是微生物群贫乏的人。显然，丰富的微生物群是值得拥有的，但如何才能实现？

一个在法国进行的类似研究，也观察到贫穷微生物群和富有微生物群之间的差别。法国研究人员询问被研究者的饮食情况，发现微生物群少的那些人比微生物群多的人吃的水果和蔬菜更少（因此给微生物提供营养的碳水化合物就更少），但是微生物群少的那一组人没有放弃希望，当给他们设置了6周的低脂肪、低热量、高蛋白质和高膳食纤维的食谱后，这些人不仅减了体重，还丰富了微生物群的基因。随着基因数量的丰富，其他可实施的健康措施也更多了，包括降低血中胆固醇水平和减少炎症。

这两项研究提供了为何有些肥胖者不会患糖尿病、心脏病和肥胖相关的疾病，而另一些肥胖者会得这些疾病的重要提示，同样地，这也可以解释为什么有些不胖的人也会得这些疾病，他们被称为"瘦胖子"。这些研究结果表明，微生物群的丰富程度（或缺乏丰富性）是比体重更准确的西方疾病风险的预报器。未来，取代用体脂指数（BMI）来测量身体健康程度，医生可能更喜欢评估你体内微生物群的状态。如果医生认为你的微生物群数量较少，甚至可能开出富含给微生物提供营养的碳水化合物的饮食处方。

另一个可以治疗微生物群贫乏的方法是添加更多类型（及其附带的基因）的微生物群。2013年，华盛顿大学的杰弗里·戈登博士组织了一项针对双胞胎的微生物群的研究，参加研究的双胞胎在肥胖上不同步，即一个瘦一个胖。当把胖的双胞胎体内多样性较低或是贫乏的微生物群移植到老鼠身上时，这些老鼠开始长胖，把瘦的双胞胎身上丰富的微生物群移植到老鼠身上后会出现瘦老鼠，然后把两组老鼠放在同一个笼子里，测试会发生什么。老鼠会吃粪便，所以当关在同一个笼子里时，肥胖老鼠吃瘦老鼠的粪便（以及所有相关的细菌），反之亦然。这个实验解决了我们之前提出的问题：将细菌添加到多样性较低的微生物群，能增加微生物群的丰富性和改善健康吗？在戈登的实验中，"瘦的"微生物会住在胖老鼠的微生物群中，增加微生物群的丰富性，同时作为一个抗肥胖的因素。

但是，在你冲出去向身材较瘦的朋友要微生物群移植样本之前，存在着一个问题：肥胖老鼠需要喂食更多的水果和蔬菜以及低脂肪食物。研究者设置相同的老鼠共同生存的实验，但是喂给它们高热量饮食和很少的水果和蔬菜，肥胖老鼠长胖了，而瘦的微生物群没有发挥什么作用。要拥有丰富微生物群，只是靠吃进更多的微生物是行不通的，我们都会吃进微生物，其中一些不可避免地来自他人的微生物群，但是对身体健康有益的微生物不会自己行动起来，除非我们通过饮食帮助它们留在肠道内。

提炼饮食中给微生物提供营养的碳水化合物

我们饮食中的给微生物提供营养的碳水化合物都到哪里去了？人类食用小麦的历史为我们提供了一个完美的例子。今天的小麦（面粉）让大家感觉形象不佳，但情况并非总是如此，人类食用小麦已经有1万多年的历史了，一些地区小麦的消耗量非常大，为何一个古老的膳食主要成分最近会受到如此的诋毁？

小麦的内核，或称小麦粒，是由胚乳、麸皮和胚芽组成的。胚乳中包含的所有物质，以淀粉的形式给新生长的小麦植物提供食物。小麦麸皮依靠坚硬的纤维外壳包裹着麦粒。胚芽是同样含有膳食纤维和脂肪的生殖器官，胚芽发芽后会长成新的植物。

几千年前，人们开始利用磨盘把小麦磨成可以食用的粉末状，这就是面粉，然而，这种石磨小麦和今天粮食加工厂生产的面粉无法用肉眼辨别。工业革命带来了蒸汽动力，使面粉的生产规模越来越大，但制造商努力使面粉从生产到运输至消费者手中的几个月里保持新鲜。为了解决这个问题，制造商意识到，如果他们在研磨小麦之前去掉油性胚芽（易腐败的那部分），他们可以几乎无限期地延长面粉的保质期，但是他们不知道的是，通过拿走胚芽，他们也拿走了大量的膳食纤维和其他小麦胚芽中有益健康的微量元素。磨坊主随后意识到，消除麸皮，可以为消费者提供白白的、松软的、完全由胚乳组成的面粉，很多人认为这更好看、更好吃，也更容易烹饪。先进的面粉加工技术给我们提供了廉价的"富人面粉"，但是我们的微生物群的食物变得越来越差了。随着研磨技术的改善，小麦可以被磨碎成非常精细的颗粒，直到有一天它会像现在的商店货架上成袋的滑石粉一样。

很明显，把小麦中的麸皮和胚芽去掉会减少为微生物群提供营养的碳水化合物数量，但是为什么精面粉会影响微生物群可食用碳水化合物呢？一袋全麦面粉是否有和完整的麦粒相同数量的微生物可食用碳水化合物？答案是不完全这样。一些微生物群可食用碳水化合物在走向微生物群的旅程中存活了下来，是因为人类基因组不具备分解它们的能力，它就像一把没有钥匙的锁。然而，另一些微生物可食用碳水化合物能够达到微生物群所在地，却是因为在到达结肠之前，它们所在的食物颗粒太大，人体来不及将其消化，这是一个时间问题，在这种情况下，我们有钥匙，但是锁是被藏起来的。这些"隐藏"的碳水化合物与人类基因组的消化能力联系在一起，因为它们周围包裹着保护层，所以能相对完整地存活并通过肠道，为微生物提供食用碳水化合物。如果面粉被磨成细粉，消化酶就有时间来分解更多的碳水化合物，并且将由此产生的单糖和双糖直接吸收到血液中，如果面粉经过粗磨，那么酶没有足够的时间来接近所有的碳水化合物，这使它们中的一些得以保存完整。你可能和曾祖母吃一样多的面包，但她吃的面包是由粗磨面粉制成的，仍然含有麸皮和胚芽，其中包含的微生物群可食用碳水化合物比今天的面包要多。一块精制的白面包，在许多方面更像是你曾祖母时代的蛋糕，这其中几乎没有什么微生物群可食用碳水化合物。每片全麦面包能提供2克膳食纤维，但是如果你再吃一杯煮熟的全麦麦片，你会获得大约9克的膳食纤维，这占每天所需膳食纤维总量的1/4~1/3。

在旧金山海湾地区，酵母面包无处不在，我们中的一些人甚至用酸酵头自己做面包。为了尽可能多地保留面包中给微生物群提供营养的碳水化合物，我们使用小型手摇谷物磨粉机把麦粒磨成面粉，使用非工厂磨的面粉能够确保面粉有些粗糙，还有麸皮和胚芽。虽然我们的面包比松软可口、雪白的面包营养更丰富，但麸皮和胚芽却带来了不太可口的味道。食用酸酵头而非商业酵母做面包，是降低面包的血糖负荷的很好方式，因为酵母中的微生物消耗掉了面粉中大量的简单碳水化合物，此外，自己做面包也为和厨房里的微生物群的交往带来了乐趣。你也可以买那些由全麦面粉制成的包括面包在内的食物给微生物群提供更多营养丰富的碳水化合物。

因纽特人是怎么回事

所有的证据都指向高膳食纤维饮食的好处，但是仍然有相当多的人对此表示怀疑，他们认为，高蛋白饮食更好。那么，因纽特人是怎么回事呢？他们的食物中几乎没有膳食纤维，而且他们非常健康。的确，生活在北美洲极地的因纽特人平时几乎不吃植物，只有在夏季，当浆果、块茎或海藻可以被找到时，他们才会摄取膳食纤维。有证据表明，这种一年中某个时间大量吃膳食纤维的做法会引起一些不适，谢斯廷·爱德利兹在1969年出版的《极地地区的食物和应急食物》一书中指出："安马赫夏利克的爱斯基摩人（译注：即因纽特人）在长时间不接触海藻后大量食用（可能）会引起胃痛，但经过几天的训练，他们再次吃时就没有胃痛了。"也许他们的疼痛是因为突然增加了好多膳食纤维在体内（被微生物）发酵，这除了会产生短链脂肪酸，还会产生气体。

现在，值得花一点时间来考虑一个许多人可能会想到的问题：富含膳食纤维的食物不会让我产生严重的胀气吗？吃更加健康的食物在现在这个充满方便食品的社会是很困难的，为什么还要吃让我们变成社会弃儿的食物？细菌发酵的副产品之一是肠内的气体，这些气体本身都是无味的，但是当它们被排出体外时，携带了微生物群中某些微生物产生的各种恶臭的挥发性分子，包括一些硫黄（有臭鸡蛋的味道）。在复杂的肠道生态系统中，一种微生物的排泄物可能是另一种微生物的食物，一些微生物产生的发酵气体可以在另一些微生物中被发现，比如史氏甲烷短杆菌，这种微生物不是细菌，而是古菌中的单细胞有机体，史氏甲烷短杆菌利用氢和二氧化碳产生另一种无味气体——甲烷。由于产生甲烷的生化过程，史氏甲烷短杆菌实际上吸收的气体分子比它产生的要多，因此，肠道中的史氏甲烷短杆菌可以帮助减少排出的气体总量。肠道中有多种不同的微生物存在，发酵产生的气体就更有可能成为复杂的食物链的一部分，被其他微生物作为食物，被微生物吃掉的气体越多，你要排出体外的气体就越少。

因纽特人季节性地摄入膳食纤维可能已经足够让他们的微生物群维持良好状态，不舒服的那几天可能代表微生物群适应新食物的过程。因纽特人也食用相当多的发酵的海豹鳍状肢，这虽然没有提供可以给微生物群营养的碳水化合物，但是可以作为微生物群多样性的补充。然而事实上，由于目前没有对有着传统饮食结构的因纽特人的微生物群的研究（这类研究现在也不可能实现，因为因纽特人正在适应西方的饮食方式），我们可能永远也无法知道他们传统的微生物群的构成是怎样的。另一个需要记住的重要事实是，由于地理位置的原因，这些人可能已经慢慢适应了自己的基因和微生物群，他们能够在多肉、多脂肪、少膳食纤维的饮食习惯中保持健康，可能与日本人食用紫菜一样，因纽特人微生物群的基因能够让它们在这种极端环境中茁壮成长，这些适应行为（假设它们已经出现）一般也不会出现在西方人的微生物群中，想要把因纽特人作为例子来反驳增加微生物群可食用碳水化合物，至少在目前还证据不足。

几项研究表明，以肉类为核心的饮食方式会影响微生物群，这对健康是有害的。在4周时间里，采用高蛋白质、少碳水化合物的方法减肥的人，短链脂肪酸的数量和膳食纤维产生的抗氧化剂会大幅减少，结肠中的有害代谢物大量增加，通常会影响结肠的长期健康，增加炎症性疾病和结肠癌的风险。与素食者和严格素食主义者相比，杂食者体内的与心脏病相关的化学物质——氧化三甲胺（Trime thyla mine-N-oxide, TMAO）就是微生物群代谢红肉的产物。越来越多的相关研究证明，富含给微生物群提供营养的碳水化合物的饮食会催生丰富的微生物群，这对我们的健康非常有益。

为丰富微生物群提供"巨无霸"套餐

我们家经常吃鱼、乳制品和少量食草动物的肉类，但是我们的主食都是富含给微生物提供营养的碳水化合物的糙米或煮熟的大麦、豆类、烤蔬菜，通常吃水果或黑巧克力作为甜点。我们会限制简单碳水化合物的摄入，远离包装食品，我们烘焙时也会限制精制面粉的使用。得到足够的膳食纤维是困难的，但是1周至少有几次做扁豆或豆类为主食的晚餐，手头经常准备一罐煮熟的豆子配在沙拉里或做一个快速的油炸玉米粉饼，通过这些方法我们可以很容易地增加膳食纤维的摄入量。跟罐头食品比，我们喜欢现做的豆类的味道，所以周末我们会准备一大罐黑豆、鹰嘴豆、芸豆，或者手头上现有的其他类型豆子。我们把豆子炖几个小时，这只需要我们在周围看着以防止溢出或者烧干，我们将煮熟的豆子倒入玻璃瓶中，放进冰箱冷藏，能保存1周左右的时间，冷冻保存的时间则更长。我们也经常把坚果和果仁洒在沙拉和主食等食物上。

如果这样的饮食听起来太夸张了，你可以从小的改变开始做起，让这项工作变得更容易，例如，在每餐开始前估计一下盘子中食物的膳食纤维含量，如果没有任何给微生物群的食物，思考一下如何换一种可以增加给微生物群提供营养的碳水化合物的食物。如果你担心这可能带来的腹胀不适，就像因纽特人经历的季节性变化那样，你可以在几周或几个月的时间里慢慢增加含有这种碳水化合物的食物数量，这会更容易忍受，渐渐地，你可以在商店和餐馆选择更好的滋养肠道微生物群的食物，享受更好的健康。在本书的最后，我们提供了富含可给微生物群提供营养的碳水化合物的菜肴和食谱，帮助你建立更加有益于微生物群的饮食方式。

第六章
肠与大脑的连接

脑—肠轴

我们的大脑和肠道之间存在一种原始的联系。当第一次遇见某人时，我们经常谈论"直觉"；在做出艰难的决定之前，我们被告知要"相信直觉"；面对考验我们的勇气和决心的情境时，我们说这是"检验直觉的时候"。但大脑和肠道的连接不仅仅是个比喻，我们的大脑和肠道是由一个广泛的神经元网络、大量的化学递质和激素连接在一起的，它们不断给我们提供是否饿了、我们是否正在经历压力或者是否摄入了致病微生物的反馈，这条信息通路被称作脑—肠轴，它不断地更新身体这两部分的状态。在你接到节日以后信用卡账单时的胃下垂的感觉，就是脑—肠轴活动的生动的例子，你的压力很大，直觉立即感知到了它。

肠道神经系统通常被称为人体的"第二个"大脑。数以百万的神经元连接着大脑和肠道，它是自主神经系统的一部分，负责控制胃肠道，这个庞大的网络连接监控着从食管到肛门的整个消化道。

肠道神经系统分布非常广泛，它无须从中枢神经系统得到指令而能够作为一个独立整体来运行，但它与大脑会定期沟通。虽然我们的"第二个"大脑无法让我们谱写交响乐或者画出美丽的油画，但它在管理运作我们的身体方面却扮演着非常重要的角色。肠道内的神经元网络像脊髓神经元网络一样丰富而复杂，这让我们追踪消化活动的工作也很复杂。为什么肠道需要自己的"大脑"呢？它只是为了管理消化的过程吗？抑或是我们"第二个"大脑的工作之一就是监听居住在肠道内的数万亿的微生物呢？

肠道神经系统的运作是由大脑和中枢神经系统来管控的。中枢神经系统和肠道是通过自主神经系统的交感神经和副交感神经进行沟通的，自主神经是控制心率、呼吸和消化的神经系统的分支。自主神经通过肠道的速度、胃酸的分泌和在肠黏膜产生黏液调节食物。下丘脑—垂体—肾上腺轴，是大脑实现指挥功能的另一种机制，通过这种机制，大脑可以和肠道沟通，在激素作用下帮助消化。

这种神经元、激素和化学递质的回路不仅将肠道状态的信息发送给大脑，它还允许大脑直接影响肠道环境。在食物移动的速度以及有多少黏液附着在肠道内这两个方面，都可以通过中枢神经系统进行控制，这对微生物群所在的环境会有直接的影响。

与其他任何有竞争生物居住的生态系统一样，肠道内的环境决定了哪些微生物可以茁壮成长，就像适应了潮湿雨林的生物在沙漠中很难生存一样，依靠黏液层的微生物也会在黏液极其稀薄的地方痛苦挣扎，增加大量的黏液，依靠黏液而生的微生物就可以东山再起。通过影响肠道转运时间和黏液分泌的能力，神经系统可以在一定程度上决定哪些微生物可以留在肠道内，在这种情况下，即使这些决定不是有意识的，也会对微生物群进行调控。

　　微生物群方面的情况呢？当微生物群对饮食变化或肠道转运时间的减少进行调整时，大脑能够意识到这种调整吗？脑—肠轴是只运行在一个方向上，所有信号都是从大脑到肠道，还是一些信号会走相反的路？渴望食物的声音是来自你的脑袋还是来自肠道中贪得无厌的微生物群？最近的证据表明，不仅是我们的大脑"知道"肠道微生物群，肠道微生物群也可以影响我们对世界的认识和改变我们的行为。人们越来越清楚地认识到，微生物群的影响远远超出肠道范围，它还影响着一个很少有人预想到的方面——我们的头脑。

　　例如，肠道微生物群影响身体的神经递质血清素的水平，血清素是负责监管幸福感的。在美国，治疗焦虑和抑郁常用的处方药物，如百忧解、左洛复和帕罗西汀，都是通过调节血清素水平起作用的，而血清素可能只是受微生物群影响的控制我们的情绪和行为的众多因素之一。

无微生物老鼠：胆大又健忘

　　微生物群可以影响行为的观点并不新鲜，许多病原体可以影响大脑。梅毒的病原体是一种高度灵活、螺旋形的细菌，我们称之为梅毒螺旋体，它可以感染脊髓和大脑，通过对神经系统进行类似于僵尸的操控，梅毒螺旋体可以诱发抑郁症、情绪障碍甚至精神病。一些微生物甚至用精神控制的方法来自我繁殖。有一种名为刚地弓形虫的原生动物能够感染啮齿类动物，如进入鼠类的大脑，并使它们失去正常的对猫的恐惧，从而更有可能成为猫的猎物。当一只猫吃掉受感染的啮齿动物时，刚地弓形虫获得了好处，它们通过猫的粪便传播，最终完成其生命周期，在这种情况下，从微生物的角度来看，刚地弓形虫对啮齿动物的"精神控制"是非常有利的。自然界充满了利用"精神控制"来对付其宿主以获得好处的"坏"微生物的例子，但是，"好"的微生物能否同样脱离肠道范围进行这种"精神游戏"还不为人所知。

第一个表明肠道微生物群连接着大脑功能和行为的迹象，来自于科学家们对住在无菌箱里的无微生物老鼠的观察。科学家们指出，无微生物的老鼠与有正常微生物群的老鼠的性格截然不同：无微生物的老鼠是更大胆的冒险者，更倾向于探索它们的环境。在啮齿动物的极限运动里，这些老鼠在开放的领域行进的距离更长，在野外这可能会让它们更容易被饥饿的老鹰发现，从进化的角度来看，冒险的心态可能不是一个确保生存或者有能力把基因传递给后代的好方法，避开开阔的领域能够保护老鼠，并且增加其基因和体内微生物群代代相传的机会。

在对这些无微生物又胆大的老鼠的观察中，科学家们发现，如果老鼠有微生物群，它们的行为会变得更加谨慎，就像正常的老鼠那样，但是为了使这种谨慎行为真的起作用，需要在老鼠成年之前得到微生物，一旦它们成年，再往肠道中加入微生物也无法扭转它们过度冒险的行为。肠道微生物群在设定老鼠容忍风险的作用上，似乎只在关键的婴儿期起作用。在人类中，婴儿期是大脑以令人难以置信的速度发展和重置的时期，如果微生物在人类性格和行为的形成上有作用，像它们在老鼠身上的作用那样，那么，肠道微生物群在婴儿时期可以产生最大的影响是有道理的。

科学家们已经注意到，无微生物的老鼠不只是更大胆，它们也有记忆相关的缺陷。一群研究人员对两组老鼠进行了一些记忆测试，一组老鼠有微生物群而另一组没有。在第一个测试中，老鼠有5

分钟时间去探索两个新的物体，一个是光滑的小餐巾环，一个是方格形的大餐巾环，然后这两个东西被拿走20分钟，随后，方格形大餐巾环和一个老鼠从没见过的星星形状的饼干模具被放回，如果老鼠记得之前的餐巾环，它们会更少关注这些东西，而花更长时间探索陌生的饼干模具。有正常微生物群的老鼠正是这样做的，然而，没有微生物群的老鼠花了同样长的时间来探索"老"的餐巾环和"新"的饼干模具，这些老鼠已经完全忘记了它们20分钟前看到过的东西了。

要记住（也许你的微生物群可以帮忙），用于进行这些老鼠实验的无菌条件无法在人类身上实现，我们全身上下都是细菌，但是，通过使用这些极端条件——没有微生物和有大量微生物的老鼠——研究有效地证明了微生物群可能会对行为和记忆产生深远影响，也许，这与在极端条件下的实验表现出的差异相比不那么明显。

我们可以这样推测，通过增加警觉或改善记忆力，微生物群能够提高宿主的生存概率。现代人类可能是一代又一代微生物群帮助我们的祖先做出明智、延长寿命的决定的产物。虽然微生物群在我们的人格和智慧方面所扮演的角色仍不清楚，但肠道微生物群的确不仅仅是帮助我们消化食物。虽然微生物群存在于消化道内，但很明显，其影响力超越了这些限制，微生物群产生的化学物质可以穿透肠壁，进入血液循环，到达大脑，研究人员正在积极探索这些化学物质的由来，去发现它们是如何影响我们的精神状态的。

人格移植

微生物群移植可以将一个身体特征从捐赠者转移给接受者。把"肥胖"微生物群移植到瘦老鼠体内会使老鼠长胖，同样地，移植"苗条"的微生物群可以防止老鼠体重增加。但如果微生物群可以影响大脑功能，那么移植微生物可以改变一个人的情绪和性格吗？"快乐"的微生物群可以对抗抑郁吗？

2011年，加拿大安大略省麦克马斯特大学的一个研究小组进行了一项研究，探索肠道微生物群能否像转变身体类型那样转变人格类型。科学家们使用两种有不同的微生物群的老鼠进行实验。一种名为Bal b/c小鼠，它们更加焦虑，另一种被称为NIH Swiss，更加外向爱交际。为了评估这些老鼠有多么拘谨或外向，科学家们把它们放在一个高台上并记录它们多长时间可以下来，在跳下平台之前耽误的时间越久，就表示老鼠对不确定的环境感觉越紧张，老鼠越有把握，下来的就越快。Bal b/c老鼠平均花了4分半钟时间走下平台，而NIH Swiss老鼠在几秒钟的时间里就跳了下来。

接下来，科学家们将两组老鼠的微生物群互换并重复平台试验。当Bal b/c微生物群被移植到NIH Swiss老鼠身上时，这些之前自信满满的老鼠用了1分多钟时间才跳下平台，NIH Swiss微生物群移植到先前焦虑不安的Bal b/c老鼠身上后，它们离开平台的时间减少了1分多钟。通过互换这两组老鼠的微生物群，老鼠的焦虑水平和随后的行为会有明显的改变，这取决于它们肠道中的微生物种类。

研究人员发现，微生物群移植会影响大脑海马体中脑源性神经营养因子的水平。脑源性神经营养因子是一种蛋白质，其功能与很多疾病（如抑郁症、精神分裂症、强迫症）有一定关联。海马体中脑源性神经营养因子水平较低与焦虑、抑郁等行为有关，在接受Bal b/c微生物群后，原本外向的NIH Swiss老鼠不仅变得更加畏惧，它们的大脑化学物质也发生了改变。

从科学的角度来看，目前尚不清楚行为改变是如何发生的。微生物群以某种方式影响着大脑中脑源性神经营养因子的水平（同时也有可能影响其他化学物质），在老鼠的实验中，这些化学变化伴随着宿主情绪和行为的改变。消化道末端的细菌怎么能改变大脑蛋白质的结构呢？我们早就知道大脑与肠道以物理和化学的方式连接在一起，这个连接能够告诉我们的大脑什么时候饿了，而且任何有肠道和大脑的生物都有大脑与肠道的连接，饥饿时肠子会告诉大脑需要进食，这可是生命体生存的关键，但是越来越明显的是，肠道发出的信息与简单的"喂我吃东西"是有细微差别的。

无人监管的制药厂

微生物群会消耗碳水化合物，除了短链脂肪酸外，它们还会产生大量各种各样的分子。有些分子最终进入人体的血液循环，流到全身各处，这些分子很多都有毒性，并被我们的肾脏清理，以尿液的方式排出体外（肾功能衰竭患者必须接受定期透析摆脱微生物群产生的这些化学物质）。一些微生物群化学产品实际上就像毒品，并且复制我们身体的化学信号，这些分子中很多可以通过肠道进行吸收，与肠道组织内的神经元和免疫细胞相互作用，或者可以被我们的血液吸收，流到大脑。这些由肠道微生物群产生的有生物活性的化学物质徜徉在我们的细胞中，将信号传递给我们的神经元，并且影响我们的思想，我们的肠道微生物群像是一个制药厂，直接把它们所生产的药物由肠道送到我们的大脑。

为什么微生物群会产生像药物一样的化学物质，目前还不清楚。也许通过这些化学物质的作用，我们的食欲增加了，进而为我们的肠道微生物群提供更多的营养。也许这些化学物质为肠道内另一个还未被发现的功能服务（这个功能可以给微生物群带来好处），如调节肠道蠕动或者影响免疫功能。我们需要更多的研究来了解这些化学物质在做什么，以便更好地了解生产这些化学物质的数万亿的细菌。

我们必须记住的是，微生物群做这些并不是有意识的，操纵人类也不是微生物群产生化学物质的唯一目标。但是下面的假设可能有助于说明微生物群对我们的行为的改变是如何产生作用的，它们如何成为人体生物学中根深蒂固的一部分。

想象一种细菌正在食用果胶。果胶是一种在许多水果（如柑橘）中常见的多糖，虽然这种细菌正在食用你吃的柑橘中的给微生物群提供营养的碳水化合物，它也可能经历一个基因突变。这些突变基因也就是复制中的错误，经常在细菌身上发生，而且在大多数情况下，突变会给拥有这种基因的微生物带来麻烦，通常会导致其死亡，但是，在极少数情况中，这种突变可能导致一种有趣的新分子出现。如果数十亿以果胶为食的细菌中恰好有一个刺激了你吃橘子的欲望，这种细菌只是使用了一种方法来改变你的行为方式，使它和它的后代受益。

这个故事中很重要的部分是，这一系列事件极少发生。细菌刚好产生了正确的化学物质，让你产生了吃柑橘的欲望，这种事发生的概率很小，细菌在水果被吃掉时获得好处的概率也很小。但是，我们与微生物群共同进化时，数以万亿计的微生物在每个人体内每30~40分钟就进行一次基因复制，地球上有数十亿的人，所以微生物还是会偶尔获得巨大成功。即使只是靠运气，一旦微生物溜进一个给它竞争优势的东西里，这种微生物的数量也将变得更加充裕。这样聪明的（或幸运的）微生物会由父母传给子女，微生物对人类行为的控制将随着时间的推移持续下去，类似的场景也许正在你的身体里上演。

微生物群的毒性废弃物

因为少数细菌走了好运，身体内循环的许多化合物只是它们代谢的废物，虽然这些代谢物分子仍可以对人体产生深远的影响，但它不会给这些细菌提供更有利的支持，其中的一些分子，如短链脂肪酸，对我们的健康有积极影响，另一些则没有。

肝脏的众多功能之一是给微生物群产生的化学废弃物解毒，如果肝脏解毒失败，这些有毒物质会导致大脑的认知问题，我们称之为肝性脑病。当这些分子在血液中积聚，它们会越过血脑屏障进入大脑，对正常的神经功能造成严重破坏，目前临床上常见的两种治疗肝性脑病的方法都把目标放在了微生物群上，通过减少肠道内微生物的数量，减少它们生产的化学物质。其中一种治疗方法是使用乳果糖，让肠道更快地清除微生物及其代谢产物，另一种治疗方法是使用能够摧毁肠道微生物的抗生素，如利福昔明。在乳果糖和利福昔明出现之前，手术切除患者的结肠（和结肠微生物群）能有效地治疗微生物群引起的与肝功能衰竭有关的精神障碍。

和肝脏一样，肾脏负责以排泄尿液的方式消除这些微生物群代谢物，研究人员可以通过监控尿液来追踪微生物群正在做什么。如果肾脏不起作用了，血液中会充满微生物群产生的废物，认知功能障碍就会随之而来，使用透析过滤血液中的这些分子是使它们保持在低水平的手段之一。将来我们有可能重组微生物群，或者通过饮食控制它的功能，尽量减少有毒废物的生产和透析的使用。

目前研究得最透彻的微生物群有毒副产品之一是氧化三甲胺。俄亥俄州克利夫兰诊所的研究人员在寻找可以预测心血管疾病发生的血源性化学物质时发现了这种分子。鉴定这种预示着即将发生健康问题（如心脏病发作）的分子，可以作为人类的有效预警手段，并提供洞察人类疾病的成因的机会。克利夫兰诊所的研究小组对进行了心脏评估的人的血液中发现的化学物质进行比较，他们发现，如果一个人血液中的氧化三甲胺水平很高，那么他可能即将发生心脏病和卒中，也就是说，血中氧化三甲胺水平可以作为发生危及生命的动脉堵塞的预兆。氧化三甲胺是从哪里来的？我们能做些什么使氧化三甲胺保持在较低的水平？

正如你已经猜到的那样，微生物群对氧化三甲胺的产生至关重要，但是，在我们所知道的关于心脏病的风险因素中，饮食也扮演着重要的角色。红肉和其他高脂肪食物给微生物群提供了氧化三甲胺合成所需的原料，特别是一种叫作磷脂酰胆碱的脂肪（通常称之为卵磷脂）和肉类的成分之一，卡尼汀（肉毒碱）。

后续的研究发现，一些人的微生物群没有产生太多三甲胺，也就是氧化三甲胺的前体，这些人的流动性氧化三甲胺水平较低，患心脏病的风险较小。可以确定的是，饮食习惯（如吃红肉）是决定体内产生更多氧化三甲胺的主要因素，素食者和严格素食主义者比吃肉的人产生更少的氧化三甲胺。这项研究最令人惊奇的是，研究人员发现了一个坚持5年的素食者愿意为科学实验吃牛排，这个长期戒酒肉的人在吃完牛排后血清氧化三甲胺的水平非常低，说明他的微生物群包含一群不擅长产生三甲胺的细菌。虽然研究人员无法（或没有）试图说服素食者继续吃肉，但他们在老鼠身上进行了一个类似的研究，来看看食用普通肉类是否可以改变微生物群，产生更多三甲胺。当稳定地给它们喂食肉毒碱时，本来微生物群产生很少三甲胺的小鼠最终变成了大量三甲胺的制造者。三甲胺的增加伴随着它们微生物群结构的变化，可能它们的微生物群中包含更多能产生三甲胺的菌种。

这项研究帮助我们确认吃太多红肉是如何导致心脏病的，通过将肉毒碱转化为三甲胺，微生物群可以严重影响宿主的健康。这项研究还强化了饮食对微生物群的两个方面的深远影响：组成微生物群的细菌种类和这个菌群能够产生的化学反应，例如，有两个人，一个人主要吃植物性食物，另一个是经常吃肉的杂食者，让他们坐下来一起吃牛排，你可能认为通过吃同样的饭菜，二者肠道内的化学反应不是完全相同也应该是相似的，但是，很少接触到肉的微生物群看起来更像克利夫兰诊所的素食者研究，产生很少的三甲胺，相比之下，杂食者在牛排晚餐后可能会有更多微生物群产生的三甲胺，相同的饭菜会产生不同的化学结果。如果坚持植物性饮食的人决定经常吃肉，微生物群将对这一变化做出反应，两个月后，同样的晚餐可能会产生两个人体内三甲胺数量相似的结果。

一方面，饮食很重要，它为微生物群的作用提供了原料——如果你少吃肉，即使你有一个能有效地产生三甲胺的微生物群，三甲胺的产生仍将减少。然而，如果你在较长一段时间里少吃肉，你的微生物群可能会变得没那么有能力产生三甲胺了，你再偶尔吃牛排时血液中的氧化三甲胺水平也不高。事实上每个人都拥有能够生产不同类型和数量的生物活性分子的独特微生物群，结合饮食对其产生的影响，说明了我们需要更多的新技术以便让每个人都能监控对健康至关重要的微生物群功能的方方面面。

几十年后，氧化三甲胺可能会成为反映微生物群功能最重要的方法，并经常受到监控，或者，更有可能的是，这仅仅是人体微生物群数以百计的功能之一。根据我们所知，氧化三甲胺似乎对微生物群中某些细菌的增加没什么用，但这为肠道微生物群代谢产物是如何能够真实地影响人体健康提供了一个很好的例子。

大脑与上万亿细菌的双向沟通

大脑和肠道微生物群之间的沟通是双向的，不仅微生物群可以影响人的情绪和记忆，大脑也会反过来对肠道微生物群起作用。如果把实验室动物从它母亲身边带走，使它们产生压力或抑郁，它们的微生物群结构会发生变化，这一切究竟是如何发生的，没有人知道确切原因。也许身体的战斗或逃避反应是罪魁祸首，当动物察觉到潜在的威胁时，身体会分泌各种激素和神经递质，准备攻击捕食者或避免伤害。身体对抗争或逃跑的反应包括增加心率、释放存储的能量给肌肉、增加血流以及胃肠蠕动的变化。当消化作用对威胁的反应减慢或停止的时候，微生物群能敏锐地意识到肠道内的环境条件变化，能够适应缓慢通过肠道的食物的微生物将变得更加丰富，而依靠快速通过肠道的食物的微生物数量会变少，从而改变微生物群的构成。

微生物群、压力和免疫系统交织在一起产生复杂的相互作用。

实验动物因为母婴分离而产生的压力能够引起体内微生物群的长久改变并一直持续到成年。即使产生压力的事件已经过去，压力对免疫系统的长期影响可能会导致微生物群的持续变化，或者由压力引起的微生物群破坏可能导致持久的免疫系统变化，然后又重新引起微生物群变化。与母亲分离的恒河幼猴不仅在微生物群构成方面与和母亲分离之前不同，也更容易被疾病感染，如果没有正确地调整免疫反应，会导致微生物群的进一步恶化，引发微生物群一轮又一轮的减少。

感染了肠道病原体的老鼠比未感染的老鼠焦虑（微生物影响行为的另一个例子），如果焦虑导致微生物群变化，造成更严重或持久的致病性感染，那么肠道炎症会加重，肠道发炎会对微生物群造成负面影响，这是恶性循环的又一个例子。同样地，当焦虑伴随着肠道蠕动变化时，如腹泻或便秘，肠道的平衡可以变得更加有利于病原体。出现胃肠功能紊乱，如肠易激综合征和肠道动力障碍性疾病，甚至那些患有炎性肠病的人都可能是这种不平衡的受害者，这个情况展示了脑—肠轴非正常工作的负面影响。由于微生物群产生的化学物质可以影响情绪，情绪也可以影响微生物群，鉴定是什么造成了这一系列事件是很困难的。炎性肠病和肠易激综合征的特征不仅有慢性腹泻、便秘和胃胀气等胃肠道症状，还包括抑郁、焦虑等情绪紊乱，以及增加的疼痛感。

但是，谁会是始作俑者呢？是紧张引起有害的微生物群变化，还是先出现微生物群骚乱，再导致压迫性的焦虑或抑郁？了解和治疗这类疾病是非常复杂的，因为它们涉及人类最复杂的生态系统（微生物群）和我们最复杂的器官（大脑）之间的交流障碍。

一些人把有益菌看作那些陷入脑—肠轴瘫痪的人的救命稻草。

益生菌的一个类别——可以影响心理的益生菌，通过把肠道中影响心理状态的化合物运送到大脑来改善精神症状，通过添加这种可以合成化学品来改善影响心理状态的肠道细菌，重建一个更加健康的大脑—肠道连接是有可能的。越来越多的证据表明，补充肠道益生菌能改善压力和抑郁类实验动物的行为，在人类身上的初步研究也显示了益生菌缓解慢性疲劳综合征和肠易激综合征症状的希望。连续30天，每天服用两种混合益生菌的健康志愿者表示，在接受益生菌疗法治疗以后感觉不那么焦虑和抑郁了。尽管我们有保持乐观的理由，但必须指出，这些只是初步研究，需要进行更多的安慰剂对照试验来确定如何最好地利用益生菌来治疗肠易激综合征和炎性肠病等疾病，以及抑郁和严重焦虑等情绪障碍。微生物群治疗方法也可能需要个性化，但是这些研究提醒人们，我们体内的微生物群对影响大脑和肠道的疾病发挥着重要作用。

肠道的化学泄漏

自闭症的发病率正在形成"燎原之势"。根据美国疾病预防控制中心的数据，每68个美国儿童中就有一个受自闭症影响，这一比例在过去的10年中稳步提高。自闭症的发病有几个已经确认的风险因素，包括父母的年龄和职业以及某些遗传因素，但是日益增加的自闭症的可能原因中，有一些仍在调查，另一些则已完全揭晓，因此，确定这种疾病的神秘的病因很困难。医学专家指出，许多患有自闭症的孩子也患有肠胃问题，如慢性腹泻、便秘、肠胃痉挛和胀气，甚至更严重的炎性肠病等病症，肠道微生物群首次成为自闭症的可能风险因素之一。

　　许多研究已经开始关注患有自闭症和没有自闭症的儿童的微生物群构成，但是尝试寻找自闭症儿童体内过多的"坏"细菌和缺少的"好"细菌的过程，和努力列出这种疾病的病因一样令人沮丧。虽然我们已经报道了自闭症儿童微生物群的显著差异，但是许多研究却是矛盾的。考虑到每个人微生物群的不同和各种类型自闭症中观察到的严重程度和表现不同，也许我们不该对自闭症缺少微生物群而感到惊讶，不难想象，那些自闭症患者身上的微生物群失调会以不同的方式表现出来。尽管研究无法确定在自闭症儿童身上可再生微生物群的异常，但是这些研究结果表明，患有自闭症的儿童的肠道微生物群是非正常的。这些差异对自闭症的病因和发展有意义吗？或者它们只是与疾病无关的一些表现？这种疾病可以通过重组微生物群进行治疗或预防吗？

　　2013年，由萨尔基斯·马兹曼尼亚领导的加州理工学院的一组科学家在更好地理解肠道中的微生物和自闭症之间的关系方面取得了重大进展。这些科学家正在研究一群小老鼠，它们母亲的免疫系统已经被激活，好像它们已经接触了感染一样。对于人类自闭症患者来说，母亲在怀孕期间对感染的极端免疫反应似乎导致了自闭症的发生。由化学物引起免疫反应的母鼠生下的幼崽表现出许多人类自闭症患者的胃肠道异常和行为特征，这些幼崽的肠道有更大的通透性，这意味着连接肠道细胞"瓷砖"的"灌浆"是不完整的，增加了由微生物群产生的化学小分子的泄露，这些老鼠更加焦虑，总是做重复性动作，并且不像正常老鼠一样进行沟通交流，与许多人类自闭症患者一样，自闭症老鼠的微生物群看起来也是异常的。

　　加州理工学院的研究小组想知道，通过引入有益菌，是否能够影响这些老鼠表现出来的类似自闭症的症状。研究人员给自闭症老鼠体内植入很常见的人类肠道细菌——脆弱拟杆菌。脆弱拟杆菌通过促进结肠上皮细胞分泌自己的"墙漆"来修复肠道泄漏，以修补老鼠肠道黏膜里的漏洞。他们推断，如果泄漏可以被修复，就可以减少化学物质逃出肠道范围，从而减少自闭症症状的严重程度。他们的断言见效了，给自闭症老鼠的肠道补充脆弱拟杆菌修补了肠道的通透性，虽然仍没有达到完全正常，但它们的微生物群构成已更接近正常的老鼠，更令人吃惊的是，脆弱拟杆菌治疗法同时改善了自闭症老鼠的许多行为问题。接受治疗的老鼠不再那么焦虑，重复性行为减少了，并且增加了沟通交流，虽然社交缺陷依然存在，但是脆弱拟杆菌引起的自闭症的改善是惊人的。

在你冲去买脆弱拟杆菌之前，你应该知道两件事。首先，脆弱拟杆菌在市场上是买不到的，因为像大多数其他的肠道细菌一样，它需要在上市之前进行与人相关的研究。第二，研究人员发现，食用细菌之后观察到的自闭症症状的改善并不限于脆弱拟杆菌。另一个相关的人类肠道细菌——多形拟杆菌，也可以缓解自闭症症状，这为很多菌种可能能够达到相似的结果提供了可能性，也许最有效的微生物仅限于某型自闭症，仅限于正在接受治疗的这些人的微生物群，或者仅限于有某种基因构成的人。目前正在进行中的临床试验需要确定对人类安全有效的菌种，如果增加微生物数量对自闭症患者有帮助，那么使用有益的菌种就能够提供一个广泛有效的治疗方法，这是一种"双管齐下"的微生物群疗法。

研究人员对疑似得了自闭症的老鼠体内微生物群所产生的特定化学物质进行了鉴定，这些化学物质中，有一种我们称之为脑外聚合物的物质，它在疑似得了自闭症的老鼠血液中的含量比正常老鼠多40倍。当利用脆弱拟杆菌疗法修复肠道泄漏的时候，脑外聚合物将恢复至正常水平。脑外聚合物可以单独引起疑似焦虑的行为吗？为了验证这种可能性，研究人员将脑外聚合物注入健康老鼠体内，结果引发了一些疑似自闭症的行为变化，然而，这并不意味着脑外聚合物是人类自闭症的唯一的或者最重要的化学物质，需要记住的是，这些研究都是在老鼠身上进行的。很明显，微生物群能够在肠道内合成特定的化学物质，这些物质能够影响人类的行为，如果肠道比实际拥有更多"孔"，就会有更多的微生物群产生的化学物质逃离肠道，进入我们的血液中。

我们肠道中无人监督的"制药厂"（微生物群）产生了一系列我们知之甚少的化学物质，其中的一些化学物质如果以高浓度进入血液中，可能会导致异常的行为或情绪。添加有益菌，在这里我们指脆弱拟杆菌，可以修复患自闭症老鼠的肠道泄漏，伴随修复而来的是微生物群所产生的化学物质的减少。事实上，在进行脆弱拟杆菌治疗之后，老鼠血液中有超过100种不同细菌产生的化学物质的浓度有所变化，其中一些降到了正常老鼠的水平。破坏微生物群是否会导致某些自闭症亚型仍在研究之中，然而，微生物群对自闭症的潜在作用似乎有了一些让人充满希望的线索。

自闭症和微生物群之间的联系，只是将微生物群关联到包括精神分裂症、强迫症、抑郁症在内的各种行为障碍的例子之一。肠道微生物通过合成神经活跃分子，对表面上似乎和肠道没有关系的人体生物学的多个方面产生影响，这实际上可能是由肠道微生物发送给大脑的一种化学信息。不同类型的肠道微生物，其信息可能会与一个人的遗传素质相结合，增加或减少行为障碍的表现机会。微生物群如何影响脑—肠轴的研究，给通过合理操控微生物群来管理行为疾病的想法提供了希望。现代医学无法以一种可预见的方式改变微生物群，但我们知道，有许多强大的手段来改变微生物群，包括饮食和多接触环境微生物，这些因素可以为肠道影响大脑提供途径。

发酵食物加入"对话"

由于大部分脑—肠轴相关的研究是在实验室动物身上完成的，我们在解释这些发现时需要用词谨慎。动物研究明确地说明了肠道微生物群和大脑之间有一个意义深远的连接，这个连接很肯定地存在于在人类身上，然而，试图通过在老鼠肠道微生物群中观察到的特殊行为或行为变化来推断人类的情况是不可取的。人类的大脑和微生物群是与老鼠不同的，我们需要进行人体实验才能了解人体微生物群如何影响自闭症、抑郁症、焦虑症，甚至个性和情绪。

2013年，加州大学洛杉矶分校的科学家开始研究人类的大脑是否也会受到肠道微生物群的影响。12位没有胃肠道和精神方面症状的女性被选作研究对象，她们在4周时间里一天喝2次包含4种不同的细菌的酸奶，作为对照，另外两组女性则被要求每天喝安慰剂（一种无菌酸奶）或者完全没有食物干预。这项研究采用双盲法，意味着参与者和科研人员直到研究完成后才能知道谁摄入了细菌，谁没有。在实验开始之前和试验4周后，他们使用功能性磁共振成像技术对每个参与者进行脑部扫描，所有女性都是在放松状态下接受的脑部扫描，并在进行恐惧或愤怒等消极表情配对测试时接受扫描，使用这个匹配活动，是因为正在经历某些焦虑症的患者在做这项脑力测试时，可以通过扫描观察到大脑活动的特征变化。

在休息和进行配对测试扫描的期间，科学家们发现食用含有细菌的酸奶和不含细菌的酸奶的女性存在脑部活动差异。这些变化发生在大脑几个不同的区域，这些区域涉及处理感官信息和情绪，包括额叶、前额叶、颞皮层以及中脑导水管周围灰质区域，受影响的区域对焦虑症、疼痛知觉和肠易激综合征来说是非常重要的。区区4种发酵酸奶中的细菌在数百种肠道细菌中徘徊就能对大脑多个区域产生这么广泛的影响，这看起来十分不可思议。

但正如这项研究所显示的，每天喝2瓶酸奶，1个月的时间就足以改变你的大脑活动模式。通过证明人类的肠道细菌和大脑的连接，这项科学突破引出了大量的后续问题。大脑扫描结果的差异对于益生菌食用者的心理健康意味着什么？这4种益生菌是通过它们分泌的化学物质还是不太直接的方式影响大脑功能的，是大多数类型的细菌都能影响大脑功能，还是只有少数类型的细菌有这种能力？益生菌可以有效治疗精神疾病而不用担心用于治疗这些疾病的药物所产生的副作用吗？上述这些以及其他相关的问题，将是下一个10年的研究内容。

根据对老鼠的研究报告，致病菌能否引起焦虑或者益生菌是否可以帮助缓解人类的抑郁症还有待观察。细菌是否可以，以及如何用来治疗人类自闭症，也是未来的研究将回答的问题，很显然，在我们可以了解肠道细菌是如何影响我们的大脑以及我们如何确保这种关系有利于我们的心理健康之前，还有许多工作要做。所有这些初步研究，为更好地了解微生物群在人类心理健康中所起的作用以及如何控制这个群体以获得最佳的健康和精神功能奠定了基础。破译大脑的复杂性是我们面临的一个巨大的科学挑战。很明显，解开大脑—肠道连接将需要一些时间，但是，虽然这个领域还需要更多的研究，我们现在已经对大脑和微生物群正在进行着对我们的心理健康有巨大影响的对话有了一定的了解。

建立终生的大脑—肠道—微生物群联盟

人类婴儿出生时，他们体内的组织非常不成熟，需要经过多年的发育才能成熟。新生儿的肠道是易漏的，其免疫系统是稚嫩的，婴儿的大脑需要很多年才能与全身各处建立起必要的连接。由于婴儿出生时没有微生物群，脑—肠轴会在肠道微生物群建立的一段时期内形成。微生物群的差异是如何影响脑—肠轴的？我们知道，孩子生命中的第一年的特点是有一个看似混乱的微生物群，这些早期的微生物群的特点是否影响脑—肠轴的形成？是否能够决定所建立的脑—肠轴将如何在孩子的生活中起作用？如果在微生物群聚集期间出现问题，能否修复它们从而建立健康的脑—肠连接？孩子最终形成的微生物群中的稳定成分是否能够影响成年后的大脑的功能？

在人的一生中大脑要一直进行工作，但生命的最初几年大脑的工作是非常关键的，童年的经历会对大脑的生理结构和精神健康产生持久的影响，这包括患抑郁、焦虑和其他精神障碍的风险。由于生命的最初阶段是大脑和微生物群发育的重要时间节点，也许这两个现象是紧密交织在一起的。比起成年人，婴儿的大脑可能更容易受到血液循环中的微生物产生的分子的影响。等孩子经历了饮食上的里程碑式的改变时，如从吃母乳过渡到固体食物、第一次尝试吃肉、第一次吃发酵食物，饮食所产生的微生物群的结构变化通过由微生物群产生的化学物质进入血液循环，从而引起全身的变化。其他的重大事件，如孩子第一次得肠道感染和第一次使用抗生素，同样可以引导微生物群和宿主的关系往好的或坏的方向发展。微生物群这个无人监督的"药厂"在孩子出生时就开始配药，并随着孩子大脑的发育而改变着产品的类型和数量。

我们目前对肠道微生物群如何影响人类婴儿大脑发育的了解，就像对婴儿微生物群本身的了解一样，还不够充分。没有微生物群的老鼠在感知疼痛和焦虑方面一定与正常老鼠不同，这两个方面的问题都可以通过引入肠道微生物群进行修复，然而，引入微生物群需要在生命早期进行，否则老鼠在这两方面的问题会持续到成年。在生命早期接触微生物是如何影响孩子的大脑功能的，还需要正式在人类身上测试。作为成年人，我们对压力的反应、我们学习和记忆的能力甚至性格的细微之处，都可能是我们生命早期的微生物群状态的结果。

有破坏性恐惧或非理性的恐惧症的人，或者那些参与极限运动之类的冒险行为的人，他们的部分行为可能要归因于他们的肠道微生物群。有少数的中枢神经系统疾病（自闭症、肝性脑病和多发性硬化症）的患者微生物群的结构变化伴随着症状的变化。经常使用抗生素所带来的微生物群变化和吃过少量的为微生物群提供营养的碳水化合物，除了会导致肥胖和心脏病外，也可能是西方国家自闭症、抑郁症和焦虑症发病率上升的一个因素。如果我们可以通过饮食修复微生物群，增加益生菌的摄入，限制抗生素、抗菌肥皂和清洁剂的使用，我们也许能够改善自身的心理健康，但是，目前这些都有很大的不确定性。

现在提出任何特定的基于科学的改善大脑—肠道—微生物群轴的建议还为时尚早，这方面的探索才刚刚开始，将来它可能对我们大有裨益。即使缺少安慰剂做对照的临床试验数据，我们仍然可以提出这样的设想：良好的微生物群对提升人的身体和精神健康都有积极的影响。摄取富含为微生物群提供碳水化合物的食物、限制抗生素的使用、母乳喂养、安全地增加和微生物的接触，都有可能改善微生物群的状态，也有可能改善大脑的状态。托马斯·因赛尔博士是美国心理卫生研究所主任，他看到了微生物群在影响治疗精神疾病的方法上不可思议的潜力："这些微生物世界的差异如何影响大脑和行为的发展，将成为未来10年临床精神科学的前沿。"

微生物群和大脑之间的连接完美地诠释了微生物群对我们健康的各个方面的深远影响。随着对微生物群认识的提高，我们越来越意识到，人类生物学的各个方面都与微生物有着直接或间接的联系。很明显，我们需要停止用简单的方式思考各种器官及相关疾病。即使在短短几年前也很难想象，大脑功能紊乱的根源是在肠道中。事实上，我们的身体是一个复杂的生态系统，其中的各部分都是相互联系在一起的，微生物群中哪怕是很小的一部分被破坏，都将影响整个身体的健康。另一个更积极的思考是，通过强化我们生态系统的一个部分，可以维持人的整体健康。

第七章
靠排泄物而活

改变微生物特性

人类基因组决定了人体很多方面的特征，而且你无法改变你的DNA，有些人注定要得病，仅仅因为他们继承了疾病基因。在已知存在遗传缺陷的情况下，想要通过个体改变基因组中的遗传物质来治疗或预防疾病，被称为基因疗法，但这是极其困难的。

与人类基因组的极难改变不同，肠道微生物群为我们提供了更多的灵活性，这是一种有效改善健康或治疗疾病的途径。我们的健康包括了许多内容，其中的大多数与微生物是连接在一起的，虽然肠道微生物群在某些情况下会引起疾病，但它们比人类基因组更具可塑性。考虑一下这种可能性：如果你的肠道病原体分泌致病毒素，我们有希望从人体生态系统中消除这个讨厌鬼及其不良影响，或者，如果你（或你的医生）发现你的微生物群恰好缺失一个重要功能或一种关键细菌，那么，增加一种新的微生物成员可以弥补这种缺陷。这种改变肠道微生物群的方法，也被称为"重新改编"微生物群，这可是具有广阔的发展前景，并且已经被证明是一种改善人类健康的有效方法。

致病微生物：肠道的"不速之客"

肠胃炎，也称为急性肠胃炎、食物中毒、旅行者腹泻，是大多数人都有过的亲身经历。感染性腹泻是世界范围内最常见的儿童疾病之一，是造成发展中国家5岁以下儿童死亡的主要原因，虽然在西方国家肠胃炎的死亡率低得出奇，但是我们也难免会受其影响。在美国，感染性腹泻每年导致超过100万人住院，几百万人接受门诊治疗，总的来说，美国人每年经历大约2亿次急性腹泻事件，这一数字仅次于感冒。这些事件背后有许多微生物是罪魁祸首，比如臭名昭著的诺如病毒、可以潜伏在未煮熟的鸡蛋和花生酱罐子上的沙门氏菌、由被污染的水传播的贾第鞭毛虫类寄生虫，由于这些传染性微生物生活在我们的环境中，偶尔碰到一种然后产生一些影响并不少见。儿童、老年人和免疫力低下的人尤其容易感染腹泻，并且需要花更多的时间来治疗或者康复。

当你被能够引起疾病的微生物"光顾"时，许多因素可以决定这些微生物是否会引起疾病。很多致病微生物通过消化道进入大肠，在那里，它们要面对熙熙攘攘、充满肠道的微生物群，其中的有益微生物会与沙门氏菌、梭状芽孢杆菌等病原入侵者进行抗争。你可以把这些致病微生物看作是不速之客——它们是不请自来，不受欢迎的"客人"。

"定植抗力"是科学家用来描述微生物群为抵抗入侵病原体而

提供的保护，这种保护作用可以是直接或间接的。首先，微生物群可以占用物理空间和宝贵的食物资源，使病原菌很难找到扩张空间和食物。其次，一些肠道微生物可以释放杀菌化学物质来杀死病原菌。最后，微生物群可以间接引导免疫系统加强其防御功能，帮助人体对抗感染。微生物群做了这么多积极的事来帮助我们抵挡入侵者，因此能够杀死微生物群的抗生素被认为是给致病菌提供入侵的机会也不足为奇了。

以牙还牙

抗生素的使用是引起梭状芽孢杆菌（艰难梭菌）感染的最大风险之一，这种细菌性病原体能够造成严重的腹泻和肠道炎症。使用一轮抗生素，就好比我们的微生物生态系统着了一场大火，如果你在森林火灾结束以后，对现场进行仔细观察就可以发现，尽管有些东西得以幸存，但是整个现场却发生了剧变。大火过后，以前可能没有空间或资源生长的幼苗现在可以抓住机会，这些新的植物可能是重建生态系统时多产又健康的成员，例如共生细菌，另外一些可能是有害的入侵者，例如致病性细菌。随着时间的推移，森林成长了，一切又恢复到了稳定状态，有利于和谐共存的有益植物开始平衡发展，然而，偶尔也会有入侵植物抓住机会改变森林的状况，这就是梭状芽孢杆菌相关性腹泻的故事。

梭状芽孢杆菌相关性腹泻要对每年大约1.4万个美国人的死亡负责，还有另外14万美国人正在与梭状芽孢杆菌感染做斗争。在使用抗生素治疗后，那些能够抵抗抗生素的感染细菌有1/2的存活机会。艰难梭菌常在医院被发现，但也可以潜伏在游泳池、未经加热的蔬菜和宠物上。如果你认为经常往游泳池倒入含氯消毒剂、用除菌肥皂清洗蔬菜并且给宠物注射抗生素能让你远离艰难梭菌的话，你需要重新想一想。有2%~5%的人不知道自己体内的微生物群中含有艰难梭菌，在医院里，这一数字则多到20%，并且在长期接触护理设施的人中有一半携带艰难梭菌。你从来没有得过梭状芽孢杆菌相关性腹泻，并不意味着你的肠道中没有艰难梭菌。事实上，对于大多数携带者来说，艰难梭菌是一个彬彬有礼的微生物群成员，可能永远不会引起疾病。但是，如果某些东西破坏了你的微生物群，例如注射抗生素，那么之前彬彬有礼的艰难梭菌可能会利用微生物群的"骚乱"而大量地繁殖，引起一些问题。

一旦开始对肠道造成极大的破坏，艰难梭菌可引起危及生命的腹泻和肠道炎症，并且很难根除。直到最近，治疗复发性艰难梭菌感染的方法仍然是使用更多的抗生素——这相当于制造第二次森林火灾，希望有益菌能够增殖，这种策略的一个问题是，艰难梭菌可以用一种高度耐药的假死状态在"火灾"外围等待。细菌处于假死的状态被称为芽孢，形成芽孢的细菌尤其难以消除，因为芽孢可以在不适合细菌生存的环境中生存，例如沸腾、干燥、0℃以下的低温甚至真空环境。

抗生素的攻击结束后，这些隐秘的芽孢又再度出现，然而，在刚刚清理过的、充满了开放空间和未使用资源的肠道中，芽孢可以进一步扩张。一些患有艰难梭菌相关性腹泻的病人，体内的微生物群在很大程度上是由艰难梭菌构成的。此时，抗生素造成了上百种细菌的灭绝，让肠道完全为这些可以耐药的菌所用。艰难梭菌包含许多产生毒素的基因。当艰难梭菌在微生物群中的数量较少时，它并不伤害肠道，但是，一旦艰难梭菌变得丰富，它可以释放毒素，导致肠壁损伤和疼痛的腹泻。

直到最近，对于抗生素无法消灭的艰难梭菌感染也没有太多的治疗方法可以选择。一旦一种抗生素治疗失败，紧随其后的是更多的、不同类型的抗生素，这样做的目的是试图击败艰难梭菌，给有益菌提供重建的机会。如果继续使用抗生素治疗还是没有效果，医生就别无选择，只有通过手术切除感染和病变的肠道组织。虽然这种方法可以成功地消灭梭状芽孢杆菌相关性腹泻，但这"迫不得已"的最后一招会给患者带来终生的严重后果。但是，除了不分青红皂白地清除肠道微生物或者通过手术移除感染的肠子，是不是可以通过引入健康的微生物群来解决问题呢？通过恢复良好的肠道微生物群能有效地限制艰难梭菌并且抑制其引起的感染吗？

我该怎么办

2013年，阿姆斯特丹医学研究中心的一组科学家和医生着手研究注入有益菌以打破周期性的艰难梭菌感染的恶性循环。他们进行了一个随机对照临床试验，将周期性艰难梭菌感染的患者分成仅使用抗生素治疗和在抗生素治疗后进行粪便移植两组进行研究。粪便移植也被称为细菌疗法或粪菌移植，对于那些没有听说过这个过程的人来说，这个名称已经提供了相当准确的描述。在粪便移植中，捐献者提供的粪便放入接受者的肠道内。粪便移植可以是从上到下进行，即使用输送管通过鼻子进入肠道，也可以是从下到上进行，即使用灌肠剂或者结肠镜给结肠注射，这两种过程中使用的粪便先被液化（通常在搅拌器里进行），再被压缩后准备注射。当你觉得这种方法很恶心时，请记住患有梭状芽孢杆菌相关性腹泻的人正在与这种危及生命的疾病做斗争，在这种情况下，大多数人会更加愿意忍受一点点的恶心来恢复健康。

为了符合研究条件，所有的参与者都必须已经尝试过失败的抗生素治疗。在经过一次粪便移植后，81%的复发性感染被惊人地治愈了，治愈率比只接受抗生素治疗的另一组高出31%，在对19%的治疗无效者进行第二次粪便移植后，总治愈率达到了94%。如此高的治愈率让研究人员认为，再继续进行这一研究已经不必要的，他们立即终止了研究，并且给所有参与者进行了粪便移植，这种天然微生物群重新形成的压倒性胜利使得使用粪便移植变成了被普遍接受的选择。

虽然记录随机试验中成功的粪便移植是获得广泛认可的重要一步，事实上，粪便移植在50年前就已经在美国被使用过了。1958年，丹佛市综合医院的外科手术中心主任本·艾斯曼博士首次发表了《"粪便灌肠"可以治愈伪膜性肠炎》的报告。直到最近20年，艰难梭菌才被认定是伪膜性肠炎的病原体，艾斯曼和他的同事并不了解这种使人衰弱的疾病的根源，但他们推测这些病人肠道内的"自然平衡"已经在某种程度上被打破，可以通过移植微生物群进行恢复。兽医利用粪便移植对动物进行治疗的历史已超过100年，他们甚至会把一种动物的粪便移植到另一种动物的身上，这一过程称之为转变宿主。把粪便用作药物可以追溯到更早以前，从14世纪开始，中国就有关于治疗严重腹泻使用的含有粪便的补药——"黄茶"的记录。

2013年粪便移植的研究报告发表之后，人们对这个领域充满了兴趣。微生物群移植作为治疗方法给将来以微生物群为基础的治疗带来了希望。粪便移植是展示如何通过修复微生物群来减轻疾病的完美例子，目前，医学界正在研究通过修复微生物群，疾病可以被减轻甚至治愈的程度。40多个临床试验正在努力探索粪便移植对治疗各种疾病（包括炎性肠病和肥胖）的功效。然而，我们能指望把粪便移植的成功扩大到治疗艰难梭菌相关性腹泻之外的疾病吗？为什么粪便移植对根除艰难梭菌这么有效？要了解这些问题的答案，我们首先要研究使用抗生素以后肠道微生物群到底发生了什么变化，艰难梭菌是如何控制了肠道的。

抗生素——滥杀无辜者

英文"抗生素"一词（antibiotics）的字面意思是"对抗生命"，虽然听起来不吉利，但这些药物通常用来对付"坏蛋"们，也就是让我们生病的细菌。大多数人经常使用抗生素，并且也不加思考地给孩子使用抗生素，我们把这类药物当作救星也是理所当然的。然而，最近的研究显示，比起之前对它们的赞赏，抗生素，正如它们的名字所暗示的那样，会对我们的生理机能产生广泛的影响，抗生素会通过损害身体的有益微生物影响人体健康。

几千年来，人类一直在使用抗生素，古希腊人甚至利用它们的防腐性能将发霉的面包敷在伤口，以避免感染，后来，科学家从一种霉菌（青霉菌）中，发现了医学上最著名的抗生素——青霉素。由于可以治愈从前威胁生命的疾病，抗生素可以被称为医学的最大进步。抗生素的有效性以及一些急性副作用驱使着制药公司研发许多不同种类的抗生素，用来治疗各种各样的传染病，但新抗生素的研发是昂贵的，所以制药公司将他们的研究和发展领域偏向于广谱药物——能够杀死各种不同微生物的抗生素，这样一来，医生就可以用抗生素来消灭引起从耳朵到尿路感染的众多细菌。今天，美国人已经是世界上最大的抗生素用户人群之一。2010年，美国医生开出了不少于2.58亿个疗程的抗生素处方，大约每10个美国人就有8.5张抗生素处方。耐药性极强的超级细菌的崛起是我们广泛使用抗生素的一个证据确凿的不利影响，但是，也许更重要却没有公开的是这些药物对我们的微生物群的影响。

不论发生在哪里的细菌感染，绝大多数抗生素是通过口服进入我们的身体。乍一看，这样做有其道理，口服抗生素以后，有些药物会被吸收到血液中，然后随血液流向耳朵并杀死造成耳痛的细菌。但是药物分散到全身的结果，会使你体内的所有细菌深陷困境。口服抗生素让肠道微生物群成了最直接的靶子。由于大多数抗生素可以杀死许多不同种类的细菌，每次使用抗生素都会给微生物群带来严重的附加伤害。对一些人来说，恢复肠道微生物群可能需要好几个月的时间，在此期间患腹泻一类疾病的风险会大大增加。

大卫·雷尔曼和莱斯·德特雷福仁是我们在斯坦福大学的两名同事，他们对多次使用强效抗生素环丙沙星之后微生物群会发生什么感到好奇。环丙沙星这种常见的广谱抗生素多用于治疗各种细菌感染，它的作用机制是抑制微生物复制其DNA的能力，从而有效地防止细菌增殖。环丙沙星对大多数类型的细菌起作用，包括造成感染的细菌与和谐地生活在肠道中的友好细菌。大卫和莱斯想查明以5天为一疗程的环丙沙星治疗是如何破坏人体微生物群的，以及人体微生物群是否能够完全恢复。

使用抗生素后，被测试者肠道微生物群的丰富性和多样性开始迅速下降。经过环丙沙星治疗后，肠道细菌的数量少到原来的1/10~1/100，幸存的微生物种类也比接受治疗之前少很多。微生物群还经历了明显的重组，占肠道微生物总数25%~50%的菌种消失殆尽，尽管微生物群被破坏的程度比许多人担心的更加严重，但这些结果并不稀奇。像所有的广谱抗生素一样，环丙沙星在最初设计时并没有考虑保护肠道微生物群，尽管微生物群对我们的健康至关重要，广谱抗生素的使用依然很广泛（使用条件也很宽松），部分原因是人们相信微生物群可以再生，但是，有益微生物真的可以东山再起并且正确重组吗？事实不完全是这样。进行环丙沙星治疗的几周后，一名实验对象的微生物群恢复到了使用抗生素之前的状态，另外两名没有完全恢复，二者之一接近完全恢复，但是抗生素造成的损伤仍然明显存在，甚至在环丙沙星治疗结束的两个月后，第3名实验对象的微生物群还在努力恢复着原先的样子。

许多微生物群不得不在1年之内忍受多种抗生素，所以雷尔曼和德特雷福仁研究了同一群人第二次接受环丙沙星之后会发生什么。从微生物群的角度来看，损失更加严重了，随着第二疗程抗生素的使用，细菌数量再次下降，细菌结构有所改变，并且肠道微生物群多样性也受到影响，就像第一次使用丙沙星治疗之后一样。但是这一次没有人能够"全身而退"，3个受试对象均出现了由环丙沙星对微生物群造成的明显和持久的伤害，其影响甚至在停用抗生素2个月后还在继续。

尽管受试者的肠道微生物群经历了大规模重组，但没有人出现任何胃肠道症状，很明显，胃肠道症状并不是微生物群遭受抗生素破坏的可靠标准。科学家们还无法提前预测谁的微生物群更容易受到使用抗生素造成伤害的影响，所以，虽然没有办法测试你的抗生素处方对微生物群的伤害有多大，你也可以认为这种影响是至关重要的，使用第二个疗程的抗生素可能会加重之前对微生物群所造成的干扰。大多数时候，抗生素治疗似乎提供了巨大的好处——不需要付出代价就能减轻感染。虽然你自己并没有察觉，但你的微生物群已经受到伤害，这些伤害需要几个星期的时间来修复，并且有几种细菌可能永远无法完全恢复。同时，微生物群保护你免受其他病原体入侵的能力被削弱了，被危险细菌感染的隐患增加了，虽然你可以试着在抗生素药物治疗后服用益生菌来减轻其造成的伤害，但是事实上，我们仍然不知道如何有效地让微生物群恢复到使用抗生素之前的状态。

微生物群的数量优势

试图侵入肠道的病原体就像入侵者攻击成建制的军队（微生物群），如攻击力很小，那么它很少有机会能攻破数量庞大的驻军的防守，这就需要更大群的武装入侵者的攻击才能成功，但是当内部武装力量被削弱时，一小群入侵者就可以获胜。我们的身体不断接触致病细菌，如沙门氏菌，但是由于我们的微生物群的抵抗，需要大量沙门氏菌才能使我们生病。肠道内数万亿的有益微生物让少数的、未煮熟鸡蛋中的沙门氏菌的袭击无法成功，但是，如果在抗生素造成了微生物群数量减少时，它们被少量病原体打败的风险就高了很多，基于这一点，服用抗生素看上去有点像玩俄罗斯轮盘赌。正如我们前面所提到的，在大多数情况下你不会立刻察觉伤害，但是，此时的抗生素对你的微生物群的打击可能是危及生命的。

微生物群中不同微生物物种的相互作用创造了一个复杂的食物网，其中所有的资源都被使用。当微生物群完整时，它们会分别享用自己的食物资源，细菌的多样性使这些资源没有剩余。微生物群创造的严格的食物链，通过迅速使用所有可用资源的方式赶走致病的入侵者，不给病原体留下什么食物，在这种理想状态下，微生物群会一直保持稳定，足以抵抗致病微生物的入侵，然而，正如我们大多数人都经历过的，有些时候这种抵抗会失败，病原体就会进入食物链，利用偷来的食物资源在肠道内大肆繁殖。

正常小鼠接触到沙门氏菌或艰难梭菌时，不会发生感染，然而，如果老鼠在遇到病原体之前已经使用过抗生素，肠道炎症便随之而来。如果肠道中没有其他类型的微生物，只有沙门氏菌单独存在，它不得不依靠自己基因组的发酵能力，但是沙门氏菌的基因组包含很少像剪刀一样可以剪碎微生物群所需的碳水化合物和吸收黏液的酶的基因。许多有益微生物含有这种酶，有益的肠道微生物分解和享受食物时，也制造了大量的垃圾，在健康稳定的微生物群中，资源的竞争是非常激烈的，一种微生物产生的副产品迅速被另一种吸收，不会给沙门氏菌等入侵细菌留下任何窃取食物的机会。

当肠道中消费食物资源的正常微生物群受创时，入侵者窃取食物资源的效果最好，抗生素所做的正是如此。抗生素破坏复杂的食物网，留下一个沙门氏菌和艰难梭菌可以利用的食物资源缺口，但致病的"不速之客"需要亲自出现——像以前一样埋伏好来利用舒适的新环境。因此，如果最近医生给你开了抗生素药物，那么你最好注意避免可能与沙门氏菌接触的情况，如在餐厅里点鸡蛋或在公共区域活动，因为随着时间的推移，肠道微生物群或多或少可以从抗生素治疗中恢复，并重建一个高效的食物网以抵抗病原体入侵。

许多病原体要想使人患病，需要一个入侵肠道生态系统的复杂策略，同时也需要一个持久性的计划，如果没有足够长的时间来享受战利品（肠内营养），那么在食物宴会上捣乱的意义何在呢？沙门氏菌通过破坏肠道环境获得长时间停留的机会，确保自身能获取食物资源。沙门氏菌的这种破坏行为会让我们出现腹泻和肠道炎症，肠道内环境这种根本性改变，使得有益微生物重新站稳脚跟并且夺回被沙门氏菌抢走的食物资源变得更加困难。在如何改变肠道生态系统的过程中，这些不好的细菌往往比有益菌更有优势。

我们常常认为，像炎症这样的免疫系统对病原体发起攻击的反应，是在帮助身体消灭不必要的入侵者，但是，一些病原体已经能够引发实际上对它们有利的免疫反应。沙门氏菌必须面对的最初障碍是要在微生物群中扩张，抗生素造成的微生物群伤害帮助它们实现了这一点。一旦沙门氏菌有效地清除了微生物群这一障碍，它们的下一个目标就是引发肠道炎症，由此产生的炎症会改变肠道内的微生物群的生存规则，让沙门氏菌占尽优势。和许多病原体一样，沙门氏菌在影响和破坏人体的免疫反应，让人体发生为它们的生存带来好处的生理变化方面很有办法。

数量优势只是微生物群为人体提供的一个保护，随着科学界对微生物群调节免疫系统的了解越来越深刻，人们越来越清楚地认识到，抵抗定植并不仅仅是一个驱逐入侵者的游戏。微生物群与肠道进行着不间断的对话，微生物能引导免疫系统产生一个足以应对威胁但是又不会引发自身免疫反应或造成过度伤害的适当反应。一些肠道微生物通过分泌自己的针对病原体的抗生素，能够在应对病原体时发挥更直接的作用，与使用高剂量的口服抗生素进行"地毯式轰炸"的方式不同，微生物群所产生的抗生素几乎没有副作用。

除了定植抗力降低以外，抗生素的过度使用会产生第二种危险，即所谓的耐药性超级细菌。滥用抗生素有助于创造可以抵抗许多世界上最强大的抗生素的高度耐药的病原体，这些微型怪物是怎么产生的？当一群细菌，比如肠道中的细菌接触抗生素以后，其中的一个或极少的一部分恰好有可以对抗抗生素的基因，这个细菌便存活下来，甚至可以当着抗生素的面进行繁殖，随之会产生具有耐药性的细菌大军。由于细菌非常善于用基因横向转移的方法分享基因，一种容易受到抗生素影响的细菌靠近耐抗生素细菌时可以吸收令其垂涎的耐药基因，并且获得一个有利的特点：抗生素耐药性。你可以想象这样的一个场景：在使用多个疗程的抗生素之后，肠道内的抗生素耐药基因变得越来越丰富。如果一个病原体正好在此时通过肠道并且获得了微生物群中一个或多个抗生素耐药基因，一个潜在的超级细菌很可能就这样诞生了。

　　对人类来说，多重耐药的微生物感染就是一场让人束手无策的噩梦，自从出现抗生素以来，人们第一次死于原来可以用抗生素治愈的细菌感染。如果不具有极强的耐药性，细菌感染是最适合使用抗生素的。你可能想到，可以开发更新的抗生素来解决这个问题，但是这无法帮助我们逃离已经开始的抗生素与耐药菌的战斗，为了比病原体领先一步，我们需要从多个方面去想办法。首先，我们需要不断提供细菌从未接触过的新型抗生素药物，因为细菌对新药尚未产生耐药性。第二，我们需要建立和维护一个强大和多样的微生物群来加强我们的内部防御，这将有助于我们在第一时间尽可能地减少抗生素的使用，从而减少细菌耐药的可能。

食物通过肠道的速度

美国梅奥诊所的普尔纳·迦叶波博士发现，许多患者存在胃肠道蠕动问题，如经常性腹泻或便秘，有许多疾病属于肠道蠕动问题，如炎症肠病和肠易激综合征，迦叶波博士担心这些慢性问题会破坏微生物群，使潜在的问题恶化。2010年他开始在我们的实验室工作时，关于肠道转运的变化会如何影响肠道微生物群的信息比较匮乏。

正如前面提到的，肠道就像一个内部的生物反应器，其中充满了从此经过的食物和水，由人体消化道和微生物群进行加工处理。这些东西通过肠道的速度可以大大改变微生物群的环境：如果通过速度非常快，微生物群只有很有限的时间来消耗这些食物，这些食物也可能更容易被移出肠道，但食物非常缓慢地通过肠道，也会给微生物群带来另外的挑战。在这两种极度偏离正常的肠道食物通过时间的状态下，微生物群的健康可能有一定的风险。

迦叶波博士想知道得了持续性腹泻（内容物通过肠道太快）或便秘（内容物通过肠道太慢）的人是否会有内部生物反应器失灵的症状。他发现，腹泻和便秘能改变肠道内的环境：更好地适应内容物快速通过肠道的微生物，在数量上更加丰富。相反，那些适应缓慢肠蠕动的微生物会造成便秘。在这两种情况下，内容物通过速度过快或过慢，都会造成微生物群的多样性下降，这种情况对微生物群有不稳定的影响，使得食物资源可以被入侵的病原体获取，所以，抗生素不是干扰微生物群和耐药性的唯一途径。

腹泻、抗生素和其他潜在的干扰可以导致恶性循环，由病原体引起的感染通常会增加肠道蠕动，进而干扰微生物群，让你更容易受到另一个肠道病原体的攻击。对梭状芽孢杆菌感染的患者来说，粪便移植是一个看似原始但却有效的解决方法，然而，如果真的要进行粪便移植，你会选谁做你的捐赠人？影响粪便移植的有效性和安全性的因素又是什么？

别在家里尝试这些

2013年，FDA宣布将会以监管实验性药物的方式监管粪便移植，在患者和医学界对FDA的做法是否限制这种救命的治疗方法表达严重关切后，FDA调整了他们的立场，允许对复发性艰难梭菌腹泻患者进行粪便移植治疗。

如果这件事看起来像是有太多监管上的繁文缛节，那么事情还没完，FDA在不允许除了艰难梭菌感染以外的所有疾病使用粪便移植的同时，在用于移植的粪便是否需要做标准化安全测试以确认它没有传染病病原体方面，却没有提出要求。在进行治疗的时候，大多数医生都会对粪便移植的捐赠样本进行安全检查，不过，这种测试的性质和范围，在每一个进行粪便移植的医疗机构不尽相同。目前对这种方法的捐赠样本应该进行哪些测试还没有达成共识，很显然，粪便中不能有传染性病原体，如艾滋病病毒、寄生虫和其他可以传染疾病的微生物，但是这样就足够了吗？在动物实验中，移植的微生物群会给被移植的动物带来生理和心理特征改变，人类也有出现类似情况的可能，所以对捐助者的要求是否应该是身材苗条、没有心理障碍，也没有经历过过敏呢？捐赠者是不是顺产出生、是不是母乳喂养、有没有多次使用抗生素、是不是植物性饮食者，这些因素有多重要？找到可以满足所有这些条件的微生物群捐赠者可能是非常困难的。

现在已经有相应的公司可以为医院提供经过严格甄选的粪便用于移植，这些公司的运行方式与血库类似：他们从通过安全测试的捐赠者那里收集粪便，向使用这些粪便的医院收取费用，这为医院节省了很多时间。然而，FDA已经对这种运作方式的安全性表示了担忧，新的法规可能会在不久后出台。

粪便微生物移植是一个解决高度复杂的问题的简单方法，它提供了一个有效的"从头再来"的手段，以使不健康的微生物群恢复到健康状态。为什么不能把这种方法转移到为其他微生物群遭到破坏的疾病，如炎性肠病、自闭症、自身免疫性疾病甚至肥胖？想象一下，解决肥胖症只需要做一个粪便移植该是多么简单和轻松，很遗憾，粪便移植并不是能满足所有人希望的万灵药。

研究粪便移植对肥胖相关并发症的有效性的结果并不惊人，但有一些小规模的临床试验结果让科学家们看到了希望。在接受瘦的捐赠者粪便移植以后，肥胖者的胰岛素抵抗有了暂时的改善，但他们的体脂指数或脂肪比例没有降低。用粪便移植治疗炎性肠病的研究，也没有获得在艰难梭菌相关性腹泻那样的高治愈率。在一些进行粪便移植后没有缓解的病人身上，出现了更多的副作用，如发热和腹胀。所有这些研究仍然是初步的，所以目前仍然无法确定粪便移植是否可以改善炎性肠病或肠易激综合征病人的病情。几个大规模的临床试验正在进行，试验目的是确定除了艰难梭菌相关性腹泻之外，粪便移植还能治疗什么疾病。

微生物群相关的疾病是复杂且互不相同的。一些患者的微生物群，如艰难梭菌感染者的微生物群多样性很低，就像非常贫瘠的土地一样，在这种情况下，播下新的种子就有机会成功地改变整个栖息地的环境，与此不同的是，如果生态系统像一个充满了杂草的院子，在杂草丛生的土地上播撒需要的种子，可能很难解决问题。重新播种前除草或者消除杂草生长的条件，将会增加恢复所需植物的机会。此时，通过使用抗生素或灌肠以清理肠道不必要的微生物，可以最大限度地增加新移植的微生物群的有效性和持久性。以微生物群所需的碳水化合物形式出现的特殊肥料，可以用于刺激崭新的有益微生物的生长。微生物群的这两种情形——贫瘠的土地或杂草丛生的院子——是我们对不正常的微生物群可能出现的状况的一种比喻，随着我们对每种疾病细节的更深入了解，有效的、让粪便移植大获成功的策略将浮出水面。

结束粪便移植的黑暗时代

如果我们能将有益微生物转移到不健康的微生物群中，又不会引入传染性病原体或增加易得其他疾病的可能会怎么样？诚然，今天粪便移植的原始方式仅仅是治疗被攻击或年久失修的微生物群的开始，在将来，我们会用什么手段来治愈不健康的微生物群？

尽量减小粪便移植相关风险的方法之一，是把自己的粪便储存起来以备将来使用，就像病人在做手术之前将血液储存起来以备不时之需一样。移植自己的粪便将消除粪便移植过程中传染性病原体从一个人转移到另一个人身上的担心。加拿大多伦多的北约克综合医院已经开始了一个试点项目，收集入院病人的粪便样本，就像你备份电脑硬盘防止系统崩溃一样。在大多数情况下，这些备份是不必要的，但是，如果病人由于长期住院而感染了艰难梭菌相关性腹泻，情况就会很严重。在医院的那段时间，由于治疗或者环境的原因，人们会频繁接触抗生素，而且医院里很可能存在耐药性艰难梭菌，所以医院可能会成为艰难梭菌相关性腹泻的滋生地。通过收集每个病人的粪便样本，医生可以不用对捐赠者进行筛选而获得粪便移植原料，也不用担心无意中传播疾病的可能性。可以肯定，提前收集病人的粪便样本是一种谨慎的做法，并且可能成为更多医院的常规工作。

即使有粪便库的存在，粪便移植仍有很多重要问题，虽然这不会让接受者接触到新的传染性病原体，粪便仍然需要医学专业人士进行处理，才能为粪便移植使用，这使得进行粪便处理的专业人员暴露在可能存在传染病的粪便样本之下，而且说真的，气味也是处理粪便时的一个重要问题。避免这些问题的一个方法，是使用实验室中培养的混合微生物来代替粪便，使用这种人造的物质将确保不会出现传染性微生物并且使得治疗更规范化。

一群科学家创造了一个由33种细菌组成的物质来治疗艰难梭菌相关性腹泻，他们将其命名为"复活便便"（RePOOPulate）。研究人员选择了这些特殊的菌种，因为它们对人体有益而且经常被患有艰难梭菌相关性腹泻的人的微生物群过度消耗，这些细菌甚至通过了抗生素耐药性的筛选，以确保它们不会将耐药基因转移给其他肠道微生物。对患有艰难梭菌相关性腹泻病人进行的"复活便便"小规模移植取得了可喜的成果：2名患者被这些微生物治愈，移植6个月以后，他们体内的微生物群中依然保留着这个有33个菌种的物质，事实上，研究人员发现这些细菌占2人微生物群细菌总数的1/4，这些细菌不仅成功进入肠道，还坚持了下来。令人惊讶的是，

2名患者随后还接受了与艰难梭菌相关性腹泻无关的多次抗生素治疗，他们的艰难梭菌相关性腹泻均没有复发。新的"复活便便"微生物群要么在抗生素来袭时阻止了艰难梭菌的进攻，要么完全消灭了这种细菌。

用特制的微生物混合物取代原始粪便进行移植的初步成功，表明了未来出现更有针对性的移植方法的前途。有许多刚起步的公司正在尝试将特制的微生物混合物用于微生物群移植，这些混合物甚至被做成药片的样子，这能大大减少通过灌肠或鼻胃管进行移植的花费和风险，这些药片有时也被称为"屎胶囊"，服用"屎胶囊"或许能成为使用抗生素后减轻微生物群伤害的常规方法。

虽然细菌比粪便更干净，用活的微生物对人体进行治疗却让监管机构感到不安，摄入活的微生物就像在肠道内打开"潘多拉的魔盒"一样。在治疗结束6个月后肠道中依然存在"复活便便"中的微生物的事实可能意味着，万一出现任何问题，要除去这些微生物不是那么容易。制药公司在严格的规范下生产药物，但这些药物是分子水平的，而不是我们这里所说的活的微生物。分子水平的药物拥有专利、很容易被监管，而且因为它们不是活的，所以其剂量也易于控制。

在"复活便便"的研究中，如果细菌减少到现在的一半或以下会怎样呢？这会导致什么问题吗？如果是，它们的数量会如何减少？这些细菌在被服下之后能够进行自我繁殖，这可能是有效治疗的需要，但是与精确计算剂量的传统药物相比，我们缺乏对"复活便便"中细菌繁殖情况的控制，确定其合适的剂量的确有些困难。

在微生物移植产生的许多其他影响中，肠道微生物能够生成影响炎症和修复黏膜的分子（记得我们的无监管制药厂）。另一种避免摄入活的微生物的方法涉及使用微生物群生成的化学物质，这种方法类似于土壤修复，希望已经存在的花种能够再次生长，许多新型微生物群衍生物分子有可能会在未来几年被发现。

更新肠道管理系统

粪便移植和基于微生物群的疗法的最初胜利，鼓舞着微生物群研究领域的科学家和临床医生们认真对待粪便，或更确切地说是认真对待可以治愈以前棘手的疾病的力量——粪便中的微生物。在未来的几年里，重组肠道微生物群的对策或将进一步延伸到粪便移植和改变饮食之外的领域，制药公司也开始寻找可以改变微生物群结构和功能的药物，把微生物改造成可以检测疾病或提供药物，也将成为微生物群重组的应用之一。

尽管很多方法仍在开发中，当前的重点还是粪便移植和这种方法有待研究的部分。目前尚不清楚用一个健康的微生物群来取代不健康的微生物群是否可行，尽管被感染艰难梭菌的微生物群很容易通过移植健康粪便重振雄风，但是把肥胖者的微生物群换成和捐赠者一样的并非如此简单。早期的报告显示，瘦的微生物群只能维持较短的时间，在3个月后就会恢复成原来的肥胖微生物群。肥胖者不改变他们的饮食结构，可能是捐赠的微生物群能力无法持续的一个重要因素。我们在本书的前面提到过，对老鼠的研究令人们相信，通过富含蔬菜和水果的饮食来强化瘦的微生物群的功能，对抑制导致肥胖的微生物群是至关重要的，能够给瘦的微生物群提供营养的饮食有助于它们有效地阻击肥胖微生物群，防止老鼠体重增加，从而改变宿主的生活。人类也可能有着同样的情形：如果接受瘦的微生物群移植的人能够采用适当饮食习惯来支持这个微生物群，那么，新移植的微生物群就可以坚持下来，并且改善人体健康。我们已经知道，改善饮食可以帮助肥胖者减肥、减少患肥胖相关疾病的风险，也许用膳食干预配合粪便移植可以让现代人越来越差的生态系统有很大的改善。新型微生物群加上膳食强化的"组合拳"可以作为这个看似棘手的问题的解决方案。

即使没有移植新的微生物群，饮食对消灭肠道病原体也有帮助。志贺氏菌病是一种主要在发展中国家存在的传染病，它是由志贺氏杆菌引起的，主要症状是出血性腹泻。目前控制这种传染病的主要方法是使用抗生素，但研究人员发现，如果在使用抗生素之外还给病人食用煮熟的青香蕉，病人会更快地恢复健康。在这种情况下，煮熟的青香蕉，特别是它们所含的微生物群所需的碳水化合物，就像是贫瘠土地的肥料，能够促进优良品种生长。与粪便移植类似，这种治疗方法有助于恢复健康的微生物群并消灭致病菌，但是使用的是饮食策略，同时这也是一个重要的提示：饮食是能够让每个人对体内的微生物群进行控制（或者重组）的强大又好用的工具。

第八章

老化的微生物群

我们的终身伙伴

抗衰老推动着一个巨大的产业，人们心甘情愿地忍受着痛苦的手术，如注射肉毒杆菌、除酸和微晶磨皮，以重新获得更年轻的外貌。我们进行脑力游戏，做无数的数独题和网络智力游戏，试图保持我们的头脑清晰。通过练瑜伽增加柔韧性、做负重练习维持肌肉重量，我们试图减缓身体的老龄化，然而，新的研究表明，保持年轻活力的另一个关键因素是：给老化的微生物群提供营养。像其他所有的人体生理和心理方面一样，微生物群随着时间的推移也会表现出与年龄相关的耗损，它们耗损的速度预示着你的健康水平将以相同的速度下降，但是，正如有办法对抗（或者至少延迟）我们的皮肤、智力、身体老化一样，有很多办法可以让微生物群保持更加年轻的状态。

生活在肠道内的细菌总数以惊人的速度持续不断地增长，在此过程中，微生物群中的细菌种类也会有短期的变化，一些细菌种类今天生长旺盛明天也许就消亡了。通常，这些波动可以用外部因素（如使用抗生素、饮食变化甚至发热）来解释，但有些时候，这些变化的原因模糊不清。不管发生什么样的轻微波动，如果你现在采集微生物群样本，5年之后，这个样本构成仍然可以通过微生物群组成被确定为属于你。每个人都拥有一组核心的稳定微生物群物种，类似于其他身部位的特征，如眼睛和头发的颜色，和你有最相似的微生物群构成的人就是你的近亲，这是一种家族内部的相似性。微生物群中的核心菌种占肠道微生物总数的1/3~2/3，并且会在我们每个人的体内停留长达几十年的时间。科学家们相信，这些核心菌种可能是我们一辈子的伙伴，就像我们一出生就存在的鼻子（整容手术例外），有证据表明，这些微生物物种和我们的鼻子一样是直接从我们的父母身上获得的，而且在我们的兄弟姐妹身上也很常见。有些物种可能是出生时或儿童时期获得并持续一生的——微生物特征一代又一代继承下去。除了这些稳定的、相关联的核心微生物群物种之外，微生物群中的细菌会随着时间的推移而发生变化，就像我们对发型或服装的选择会随时间变化那样，但是这些变化在一生中长达几十年的时间里并不会对微生物群造成根本影响。家庭成员中无血缘关系者的微生物群的相似性要差得多，相比之下，我们和陌生人极少会共享同样的细菌"特质"。

由于接触不同环境的微生物、饮食和伴随我们一生的抗生素，很难想象我们的微生物群中有一部分会长期稳定不变，例如，某些种类的细菌一旦进入人的肠道就能够长期存在其中，而且有办法防止其他类似的物种取代它们。每一种肠道细菌都有一个生态定位或一种"职业"，一些菌种有很多的技能，这意味着它们可以在肠道内占领不同的区域。一种细菌会在（你所吃的）苹果果胶中茁壮成长，如果这种细菌还能以肠壁上发现的碳水化合物为食，那么即使没有水果，它也可以在那里生存甚至繁殖，这种细菌有不同的生态定位，并且可以根据你的饮食和可能存在的竞争对手进行调整。然而，一些细菌物种拥有更专业的方法，如果细菌真的专门食用果胶，在苹果被吃下去之后它们的数量将变得更加丰富，给其他可能随着苹果一起被吃进去的降果胶细菌留下很小的生存空间，在这样的情况下，已经在肠道中安营扎寨的细菌就获得了胜利。

即使面临致病菌感染或抗生素治疗等的巨大挑战，一些肠道细菌还可以藏身于肠壁边上被称为隐窝的小"洞穴"内，一旦威胁结束，这些蜷缩在一起的微生物可以回到肠内并重振雄风。这些对策使肠道微生物群将肠道的每一个生态位置完全填满，以抵御有相似代谢方法的细菌，并且在有破坏微生物群的外部威胁时保持低调，从而形成了一个稳定的"能伸能缩"的生态系统。

但是，微生物群的老化带来的压力不像病原体或抗生素那样严重，长期的、涉及身体各个部位的老化，在微生物群中也有类似的现象，这同样会影响人类的身体健康。

老年人的微生物群

对微生物群来说，它们所居住的肠道的老化可能是一个充满戏剧性的环境变化。食物通过消化道的速度减缓，从而导致慢性便秘的发生。与年龄增长相关的嗅觉和味觉下降，以及咀嚼能力的下降，使老年人的饮食变得缺乏膳食纤维植物和耐嚼的肉类。老年人更多进医院、更多地使用抗生素，给梭状芽孢杆菌等病原体创造了"抛头露面"的机会。所有这些因素加起来，会产生和年轻人完全不同的肠道环境。肠胃胀痛是老年人的常见疾病，这也是微生物群正在经历重大重组的重要提示。

具有讽刺意味的是，对处于生命后期的老年人的微生物群变化的科学发现还远远不够。然而，最近的研究已经开始揭开微生物群随着年龄的增长而变化的秘密，2007年，爱尔兰科克大学的研究人员开始了一项针对几百名65岁以上老年人的研究，旨在发现饮食、微生物群和老年人健康状况之间的关系。这些结果为人体微生物群如何变老、与年龄相关的微生物群数量的下降对人类健康长寿意味着什么、如何在老年这一人生的关键时期使微生物群重新焕发活力提供了线索。

这项研究发现，与年轻人之间相差不多的微生物群相比，老年人的微生物群各不相同而且每个人之间的差异要大得多，这种情况是在生命刚刚开始的婴儿时期微生物群形成中的混乱的反映。你可以把一生中体内的微生物群想象成沙漏中的沙子：开始的时候，沙子占据了沙漏顶部的很大面积，沙子之间大大的间隔相当于比较两个婴儿的微生物群时观察到的巨大差异。从5岁到成年以后这段时间，每个人的微生物群结构有所集中，就像在沙漏中部将沙子聚在一起一样。随着年龄的增长，每个人的微生物群又互不相同，就像沙漏底部缓缓扩散的沙子。

科学家们进一步仔细观察发现，作为研究对象的老年人体内微生物群组成的差异并不是随机分布的。研究共发现3种不同的微生物群集群：一种集群是仍然生活在家中的老人，他们的微生物群更加接近来自同一地区的年轻人，其他两种集群是来自日托医院的老人和疗养院中的老人。看起来，当涉及微生物群组成时，他们生活的地方很重要，但是这些地方有什么影响了微生物群呢？当老人从独立生活过渡到在疗养院中生活时，他们的饮食也经历一次转变，在家生活和在日托医院的老人吃高膳食纤维的饮食，但在疗养院的老人则吃更大比例的低膳食纤维饮食。虽然这些机构采用缺乏膳食纤维的饮食的原因还不清楚，但减少膳食纤维在准备自助餐的时候是很常见的，这个问题的产生可能是因为想让老年人更容易咀嚼食物。膳食纤维含量的差异反映在了微生物群组成的差异上，采用低膳食纤维饮食的人微生物群多样性较低，而坚持高膳食纤维饮食的人拥有更高的微生物群多样性。高膳食纤维饮食的老人也会有更多的促进健康的短链脂肪酸，能够降低炎症因子，通常也显得更加健康。

这些微生物群差异，可能是由于这样的原因：健康状况较差的老人更可能最早住进疗养院。饮食、微生物群和健康之间的关系是什么呢？是健康状况下降造成了微生物群数量的减少，还是微生物群减少导致了健康状况下降？有没有一种可能，不健康的老人在疗养院中逝去，是养老院的低膳食纤维饮食和微生物群恶化的结果？这是另一个"鸡生蛋还是蛋生鸡"的问题，需要更多的研究来解决，但是，基于我们所知道的微生物群对健康的重要性，即使微生物群的变化是健康状况下降这样的次要原因，其造成的明显恶化很可能会加重健康问题。

进行该项研究的科学家有一种预感，是饮食的偏差引发了一系列的问题。通过观察饮食顺序的变化、微生物群变化和健康状况恶化，科学家们发现了关键的线索：第1次住进疗养院的老人，和那些在这里居住了1年多的老人做对比，他们的饮食结构是不同的，1个月后，新入院老人的饮食结构改变了，变得更像长期住在这里的人，但是，新入院老人的微生物群需要1年的时间逐渐向已经长时间住在疗养院的老人们靠拢。虽然饮食变化可以引起微生物群的快速变化，但是其中的核心菌种在微生物群所需的碳水化合物减少时消失得很慢，这种情况下，先有饮食变化，后有微生物群的变化。该研究指出了老年人从饮食转变到微生物群变化，然后健康状况下降的连锁反应。

可以想象，制药公司将会对生产一种由"年轻"的微生物组成，并且可以将其添加到衰老又恶化的微生物群的药物感兴趣。不幸的是，当处理像微生物群这样的复杂问题时，结果往往是同样复杂的。对意大利人、法国人、德国人和瑞典人的相似老年人口的研究，发现了老年人和年轻人的微生物群差异，正如在爱尔兰的研究中那样，但是这种老年人间的差异也不尽相同：爱尔兰人体内的"衰老"细菌与其他欧洲国家老年人体内的不一样，同样地，不同地域之间的"年轻"微生物群也没有太多相同之处。

显然，用简单的查找—替换方法来保持微生物群的年轻并不容易，但是想一想不同地区老年人间的微生物群的差异性，想用单一的方法解决微生物群老化问题，遇到再大的困难也不值得奇怪。每种地理和文化上有差异的人种，都会有一些独特的微生物群，这是特定的饮食和接触自然界的微生物不同的结果，每个微生物群的老化方式可能有自己的轨迹。这些研究的一个重要含义是，饮食是当人的年龄增长的同时维持微生物群年轻的重要因素。

炎性衰老

我们知道，微生物群的状态和人体老化时的衰弱有一定联系。具体来说，一个更加多样性的微生物群与更好的健康相关指标（如炎症较少、更强健的肌肉和更少的认知能力下降）有关，但目前尚不清楚这种关联是如何起作用的。微生物群有什么特别之处能使我们"更好地老去"？如果我们可以理解其中的方法，我们就能利用微生物群来改善与老化相关的健康问题了。

随着老化，人体几乎所有的生物学机能都在衰退：肾脏不再像以前那样能有效过滤毒素；心脏由于多年的不停跳动变得衰弱；大脑的记忆力也变差了。但其中最引人注目的一种退化涉及免疫系统，免疫系统在我们的一生中都不断地受打击，这种打击包括了从时刻对病原体进行警戒、侦查，到每次参与的免疫反应中受到的伤害。免疫系统的一些伤害是没法完全修复的，并且随着时间推移免疫系统的整体功能会削弱，这种与年龄相关的衰弱在学术界被称为免疫衰老，它发生在我们所有人身上，没有人可以例外。免疫衰老是高度复杂的，涉及免疫系统的所有分支，但它的临床表现之一是一个低级别的慢性炎症，我们称之为炎性衰老。在炎性衰老中，免疫系统的促炎反应和抗炎反应的平衡偏向了促炎一方，这种炎症状态与许多衰老相关疾病有关，如阿尔茨海默病和关节炎，而且会对微生物群产生负面影响。由于生活在轻微发炎的肠道中的很多微生物也能延续炎症时间，这种与衰老相关的炎性偏向会引起微生物群数量的下降，促进了炎性衰老和健康的恶化。随着时间的推移，减少食物中的膳食纤维含量和减少锻炼的时间，正在衰老的微生物群加剧健康状况下降的可能性是很大的。

衰老的微生物群的一个普遍特性是其中被称为"病理生物"的能够致病的细菌增加，人体的微生物群中都潜伏着这类病理生物。在身体健康的情况下，这些细菌表现得很温和，或者它们的数量过少而不足以导致疾病。然而，当肠道发炎时，这些病理生物的群体便会壮大并让炎症持续更长的时间。病理生物这种衰老的微生物群中常见的角色，也可以在特定的饮食条件下茁壮成长，给实验室白鼠喂富含饱和脂肪（动物脂肪）的食物，会使它们微生物群中的病理生物扩张，在喂食同样重量的植物性多不饱和脂肪的动物身上，不能观察到这种病理生物的增加。

　　怎样能尽量减少炎症并且打破这个恶性循环呢？我们可以通过吃富含微生物所需的碳水化合物的饮食和限制动物性饱和脂肪的饮食达到目的。增加膳食纤维、减少脂肪摄入，对促进老年人体内短链脂肪酸的产生和减少肠道炎症有一定的作用，微生物群发酵膳食纤维中的微生物所需的碳水化合物，能够产生可以减少炎症的短链脂肪酸，同样地，低脂饮食通过抑制病理生物的扩散来减少炎症的发生。健康的肠道环境对于可以延长炎症时间和依赖炎症茁壮成长的病理生物是不利的。

锻炼你的微生物群

　　现代人通常驾车去上班，而且在办公室也只是坐着工作，在一天的工作结束后，就一屁股坐在沙发上看电视，并被累得疲惫不堪，虽然在工作之余每周去几次健身房是对身体有益的做法，但是这不足以弥补现代生活方式造成的整体运动缺乏。随着年龄增长，获得足够的锻炼变得越来越具有挑战性，我们的身体不如以前容易适应环境，全身都不够灵活，也更加没有活力。但是，大量证据显示了随着年龄的增长保持运动的重要性，运动可以延缓衰老，减少患许多退化性疾病包括肥胖、心脏病、癌症、糖尿病甚至抑郁症的风险。通过运动燃烧热量、加强心脏功能、改善情绪和改善年龄增长造成的体力下降，也可以促进饮食的平衡。同时，运动可以帮助我们尽量减少免疫功能衰老和炎性衰老的影响，甚至可以帮助我们的微生物群。

随着年龄的增长，人们的运动会越来越少，这又导致了肠道蠕动的缓慢，我们已经知道，肠道内容物通过的时间影响肠道环境和微生物群的构成，因此通过体育活动加快肠道内容物通过时间可以改变微生物群。对实验室老鼠的研究允许科学家们对其饮食和运动做更多的局部控制，研究显示，饮食和运动中每个因素都可以影响微生物群的状态，但是要仔细阐述人类运动与微生物群的关系是比较复杂的，因为运动的人经常有更加健康的饮食，这使得我们很难了解生活方式中每个单独的因素对微生物群的影响。无论如何，把更好的饮食结构和运动结合起来，可以给我们的微生物群和身体健康带来最积极的影响。

"抗击癌症"时的微生物群

癌症的典型特征是癌细胞生长不受控制，从许多方面说，它是一种免疫系统疾病。在我们整个生命周期的某些时刻，身体里会自发地出现癌细胞，正常情况下，我们的免疫系统会发现并揪出体内出现的癌细胞，一旦免疫系统的这种搜索–清除方法出现障碍，癌细胞就会生长并扩散。癌细胞扩散的时间越长，癌细胞就变得越"聪明"，它们会探索出多种方法以避开免疫系统，从而随心所欲地繁殖，并在身体的一些地方生长。癌症可以通过创造一个微环境来建立安全的避风港以排斥免疫细胞的巡视，这些受保护的微环境允许癌细胞免受免疫系统的影响，安全地发展壮大。

　　癌症治疗方法之一是通过刺激免疫系统来更好地根除藏匿的癌细胞，这种治疗方法叫作环磷酰胺化疗。环磷酰胺作为抗癌药物，能够刺激人体免疫系统、阻止癌细胞侵占为全身输送营养的血管。这种药物的不可预见的影响之一是：它能使肠道黏膜具有轻微的渗透性，能够让细菌从肠道微生物群中逃脱。科学家们通过研究发现，被注射了环磷酰胺的老鼠的脾脏和淋巴结中出现了肠道微生物。乍一看，这似乎是化疗后的灾难性后果——让微生物群成员自由地漫游全身并入侵其他组织，然而，这些微生物并没有造成健康损害，实际上它们反而是有帮助的。通过待在不属于它们的组织里，这些微生物提醒着免疫系统，免疫系统会响应警报，发起攻击，免疫系统的攻击的精确性不足，其中一些反应会指向肿瘤细胞并使得肿瘤萎缩，如果老鼠在服用环磷酰胺之前使用抗生素，治疗就不如此前有效。抗生素会使免疫反应不可缺少的同伴——肠道微生物瘫痪，从而让免疫系统激活和抗癌反应没有那么强烈。

　　这项研究与人类癌症的治疗有什么关系？尽管许多疗法旨在摧毁癌细胞，但它们往往会造成很大的间接伤害。许多伤害是免疫系统持续攻击导致的，这使患者非常容易患上机会感染，为了减少这种可能，预防性抗生素常常伴随着癌症治疗，但是由于有对刺激免疫系统有积极作用的体内微生物群的存在，临床医生需要重新加以考虑了。在使用药物来增强免疫系统的作用时，我们也需要考虑一下微生物群的状态，至少，体内微生物群的不同，也可以部分解释在癌症和其他疾病免疫治疗时患者间存在的差异。

　　很显然，当针对免疫系统进行治疗时，我们需要关注微生物群，但是并不是所有的癌症治疗都通过免疫系统激活起作用。快速分裂是癌细胞的一个特征，放射和某些化疗可以通过优先杀死分裂更快的细胞起作用，出乎意料地是，这些治疗方法也会受到微生物群的影响。

一组研究人员对两种化疗药物——顺铂和奥利沙铂进行了研究，临床上，这两种药物用于治疗各种癌症，包括结肠癌、淋巴瘤和肉瘤，这类药物通过将金属（这些药物甚至还有铂内核！）混进细胞的复制过程，从而有效地阻止细胞分裂。由于癌细胞的分裂速度比正常细胞要快，这些药物能让癌细胞（以及其他细胞，如使头发增长更快的正常细胞）的失控增长"刹车"，但是这些药物作用的第二阶段涉及了免疫系统清除停滞的细胞，为此，免疫系统需要能够达到这些细胞的所在之处，这些细胞可能就藏在肿瘤创造的微环境的深处。

肿瘤微环境可以很坚固，但它不是"诺克斯堡"美军基地（译者：指防守严密，不可攻破），处于积极进攻状态的免疫系统可以穿过这个环境的防护体系。如果说我们体内的微生物群只擅长一项工作，那就要说是优化免疫系统了，科学家们想知道微生物群是否可以刺激免疫系统消灭肿瘤微环境中的癌细胞。他们发现，使用抗生素的老鼠体内有肿瘤微环境，它看起来对恶性细胞更加"热情"，也不太可能被免疫系统穿透，给这些用过抗生素的老鼠进行肿瘤铂类化疗时，药物在小鼠身上不起作用。与环磷酰胺治疗不同，这种情况下微生物没有离开肠道进入其他组织刺激免疫系统发生针对癌症的反应，而是安静地停留在肠道内。当一个完整、健康的微生物群存在时，免疫系统能够有效地渗透到肿瘤微环境中，清除身体里的癌细胞。

需要注意的是，这些研究都是在老鼠身上进行的，需要另外的研究来确定这些结果是否也适用于人类的癌症，但是，人类微生物群对抗癌药物的有效性的影响很值得进一步研究。组成人体生态系统的人体细胞和微生物细胞令人难以置信地交织在一起，不难想象，通过药物使生态系统的一部分被打乱，可能会产生无法预料的后果。

在某些情况下，使用抗生素配合化疗来减轻感染的风险不一定是最保险的做法，也许在未来，强化治疗效果的细菌将取代破坏微生物群的抗生素，用于改善病人的化疗结果。随着对人的微生物群组成变化的了解不断增加，化疗药物的适应证将不仅包含癌症的类型，而且可以是针对不同微生物群"类型"的。

同样地，微生物群有可能通过其与免疫系统的关联影响癌症的趋向或者发展。有能够促进癌症的微生物存在吗？可以改善健康的微生物群能够防止我们患癌症或减少癌症的侵略性吗？我们目前还不知道这些问题的答案，但考虑到预防或消除癌症类疾病的方法时，我们需要找到让身体受益的同时最大限度地减少损害的方法，如利用身体微生物群。例如，要消灭蚂蚁，最好不要使用广谱杀虫剂去杀死你家周围的每一只活的昆虫，你可以找到不必使用化学品的更好的方法。如果给蜘蛛、黄蜂和甲虫等蚂蚁的天敌提供营养，你同样可以让蚂蚁不再横行。同样地，对癌症这样的疾病来说，同时使用化疗和放疗等措施以及改善微生物群能力的方法来增强免疫系统功能，可以收到更持久的效果。

与药物相关的微生物群

微生物群能影响许多药物的作用，随着越来越多的微生物群与药物的相关研究的进行，受微生物群影响的药物种类还会增加。微生物群可以直接影响一些药物的效果，药效的好坏取决于用药者体内微生物群的不同，其他疗法也间接受到微生物群的影响。每个人的微生物群的独特性以及它和某些药物的相互作用，可能是药效和副作用的差异性来源。

随着年龄的增长，我们会遇到越来越多需要使用药物的情况，这一现实使得了解使用药物以后人体细胞和微生物细胞这一高度复杂的系统的作用显得很重要，因为药物会引起这个系统的变化。

对乙酰氨基酚，俗称泰诺，自从19世纪50年代起就已经被当作止痛药和退热药来广泛使用，这种药物分子如何作用于人体的很多细节是已知的，但我们不理解的是为什么它能在一些人身上产生巨大的反应和副作用。在美国，对乙酰氨基酚药物过量是急性肝功能衰竭的主要原因，但是用药后大约有20%的无效病例是无法解释的，填补这一空缺对确保每个人都接受有效又安全的剂量至关重要。可以影响药物剂量的因素之一，是药物被身体清除的速度，如果一种药物被清除得很快，那么可能需要更高的剂量来维持患者器官或血液循环中有充足的药物，然而，如果药物在身体内停留的时间比预期的长，产生药物副作用的风险就会增加，正常剂量对这些人来说就是过量的了。

药物从身体排出速度的决定因素之一是肝脏代谢的速度，肝脏经常被认为是人体的化学解毒器官。我们体内由于摄入食物而来的化学物质、我们服用的药物、身体细胞的新陈代谢或者我们的微生物群的新陈代谢，是由类似于"传送带"的方式进行的。肝脏内的"分子机器"给潜在的有害化合物贴上化学"标签"，促进它们尽快通过我们的身体。一个人的基因和循环系统中其他化学物质的数量会影响这些化合物的处理速度，如果有许多化学物质等待标注，就会产生"积压"，但是这些化学物质不会在肝脏内排队等待，而是继续在血液中循环，直到肝脏内有足够的空间容纳它们。这些没有被标注的有害化合物存在于循环血液中，让身体其他部位接触它们并受其影响。

药品制造商和医生在发明药物制剂和确定药物的剂量时，会考虑药物代谢的时间，通常，如果一种药物被迅速代谢，我们就需要更高的剂量以达到预期的效果。然而，体内药物代谢和药物清除速度的差异，会导致一个人接受相同剂量却出现比预期更高或更低的"效果"。假设医生给你开了一种药来治疗某种疾病，如果你恰巧是药物代谢和清除速度慢的人，那么你使用正常剂量的药物时，体内也会有"高剂量"的药物，这可能会导致出现药物副作用的风险更大，另一方面，如果你的药物代谢速度过快，仅使用正常剂量药物时，你的疾病可能得不到有效治疗。外部因素也会影响我们体内的药物代谢速度，一个大家都熟悉的例子是，服用某些药物（如他汀类药物）的人被告诫不要吃柚子，葡萄柚中含有的化学物质可以在肝脏内与他汀类药物中的化学物质互相排斥，减慢他汀类药物的代谢，无意中把体内药物浓度提高到潜在的有害水平。但是食物中的化学物质并不是这种个体药物反应差异的唯一来源，肠道微生物群产生的化学物质也可以影响人对药物的代谢。

当研究体内对乙酰氨基酚的清除速度时，科学家们发现，微生物群产生的一种叫作对甲酚的废弃物起到了重要的作用。微生物群产生对甲酚的数量，取决于肠道微生物和所消耗的氨基酸（蛋白质的基本单位）的类型。肠道微生物群对氨基酸进行代谢，形成的废弃物之一为对甲酚，结肠中形成的对甲酚会被吸收入血，并在肝脏进行识别和排泄，由于负责识别对甲酚的肝酶同样也负责对乙酰氨基酚进行解毒，过量的对甲酚可能导致对乙酰氨基酚处理过程缓慢，一个拥有能产生大量对甲酚的微生物群的人，比拥有产生较少对甲酚的微生物群的人更可能发生对乙酰氨基酚过量。即使可以确定体内微生物群能否产生大量的对甲酚，但是一天之内能够产生多少对甲酚还可能取决于饮食，特别是最近摄取了多少蛋白质。

微生物群影响我们的身体对乙酰氨基酚的反应，是通过间接的、影响药物的排泄速度而产生的，但也有一些药物直接受到肠道微生物群的影响。地高辛是一种用于治疗心功能衰竭的药物，由洋地黄植物合成，被用来治疗心脏病，已经有数百年的历史了，以地高辛为基础的药物的有效剂量范围比较窄，这意味着要把握好药物的剂量和毒性之间的分界线。人们猜测著名画家文森特·凡·高曾遭受洋地黄毒苷毒性作用的影响，其毒性作用之一是针对黄绿色彩的感知。凡·高对黄色的偏爱在他的画作《加谢医生的肖像》中表现得淋漓尽致，这幅画描绘了凡·高的医生和一束紫色洋地黄花的画面，也许是凡·高的医生给他开了太多处方药洋地黄毒苷，另一个可能性是凡·高的微生物群中缺少特定的保护其免受药物副作用的微生物。

迟缓埃格特菌存在于一些人的微生物群中，它含有可以使地高辛类药物失去活性的基因，因此，你的微生物群是否有这种能力，可能会影响你使用地高辛的剂量。体内有迟缓埃格特菌的人可能比没有这些微生物的人需要更高剂量的地高辛。然而，地高辛和精氨酸（一种氨基酸）会通过共同的途径被迟缓埃格特菌消耗掉，有迟缓埃格特菌的老鼠在喂食高蛋白食物后不能像以前那样有效地使地高辛失活，因为细菌正忙着消耗精氨酸，没有多余的精力来对付地高辛，这个例子说明，食物中的蛋白质构成会影响病人摄入地高辛的剂量。

让我们花点时间想一想，这对未来的个性化医疗意味着什么，我们所掌握的微生物群的知识对治疗有什么影响。你可以想象一个人受益于服用地高辛的情境：在开药物处方之前，医生会获得一份关于病人的微生物群基因构成的报告，如果病人的微生物群有能够消耗地高辛的基因，医生会开更大剂量的药物以及指导病人尽量减少食物中的蛋白质，这样做的结果将使地高辛的剂量更精确、更个性化，药物治疗就会既有效又能降低副作用。

充满细菌的"青春不老之泉"

随着年龄的增长，人体健康状况下降与各种外在的生理表现有关，比如灵活性降低、精神敏锐度降低以及视觉和听觉丧失，但是在我们的身体内部，衰老会导致免疫衰老、炎性衰老和肠道微生物群的变化。我们可能无法逃脱年龄上的衰老，但是有办法延迟或减慢健康状况下降的步伐。与人体代谢和免疫系统紧密相关的微生物群会影响老龄化，利用体内微生物群来尽量降低老龄化带来的损害和机能的退化，可以改善我们晚年的生活质量。或许良好的微生物群可以将新的生命注入开始衰老的免疫系统，从而使我们的免疫系统和我们的身体更加年轻。

百岁老人是人类长寿的例子，他们的微生物群与正常的70岁老人有明显不同。百岁老人的微生物群有什么特别之处，能够让他们如此长寿呢？或者，这些长寿者的遗传基因或生活方式塑造了特殊的微生物群？我们目前还不知道这些问题的答案，但是，也许长寿的秘诀就是保持最优共生关系的人类细胞和微生物群的互利和长期的互动。

保持微生物群年轻

有很多方法可以保持青春，吃高营养且均衡的饮食、进行足够的锻炼、稳定的社交都被科学证明可以随着年龄的增长改善健康状况，这些行为对年龄的影响可能是多方面的，从保持肌肉质量到拥有美好生活的愿望。随着科学家在分子水平研究的深入，我们对这些健康的生活习惯是如何延长生命的问题渐渐开始了解：在人类年龄增长过程中，微生物群是决定健康状况的重要角色之一。

健康饮食的主要好处是能够促进微生物群的繁荣并对随后的一连串健康问题产生影响。对爱尔兰老年人的研究阐述了保持富含膳食纤维（微生物群所需的碳水化合物）和低脂肪饮食是如何能够避免微生物群的年龄相关性衰退的。事实上，76~95岁老人膳食纤维的摄入量增加与短链脂肪酸的产生有直接关系，短链脂肪酸在减少炎症方面的作用，可能是制衡炎性衰老的不良影响的重要因素。随着年龄的增长，保持高营养的饮食尤其重要，因为人体对热量的需求随着年龄而下降。食物中的每一个部分都在尽力做好本职工作，塔夫斯大学的科学家们公布了一个修改版的美国农业部"我的餐盘"的计划，专门针对老年人的低热量需求进行了调整，他们提供的方案的重点在于营养丰富、色彩鲜艳的水果和蔬菜，以及富含膳食纤维的谷物和豆类。

益生菌为老化的微生物群提供了另一种膳食改善方法。考虑到美国人口老龄化的增加，进行益生菌对老年人的影响的研究项目可能也会不断增加，目前的研究发现，益生菌可以帮助正在衰老的免疫系统。随着新的益生菌产品的开发，在研究益生菌过程中非常重要的一点是，衰老的微生物群不同于年轻人或是成年人的微生物群，我们需要能够在变化的环境中茁壮成长的益生菌，以适当弥补衰老的微生物群。任何情况下都适用的益生菌的时代已经过去了，未来的益生菌疗法可能会更关注在人的一生中不同阶段的微生物群的变化。在专门针对不同年龄和不同人群的个性化益生菌出现之前，每个使用益生菌的人，都需要反复尝试以确定适合自己的产品。

虽然运动能够明显改善健康，但它对微生物群的影响还是一个未知数。体育运动对人类微生物群的影响的研究是复杂的，因为经常运动的人可能有更健康的饮食，区分微生物群差异是由运动还是饮食引起的几乎是不可能的，然而，在喂食相同食物的情况下，经常运动的实验动物与久卧不动的动物存在着微生物群差异。运动产生的一些生理变化，如增加肠转运时间（或内容物通过肠子的速度）、影响新陈代谢和改变免疫功能，都会对微生物群产生影响。因此，这并不是为强调运动的好处进行的假设，运动通过改变人体各方面的能力，改变着人类的微生物群。尽管评审人员还不能确认体育活动是否对微生物群有积极影响，但是运动有益于微生物群和其所在人体的健康值得每个人去"赌"一把。

虽然有活力的社交和老年人健康之间的联系还是一个新兴的科学分支，但是毫无疑问，这个问题是非常重要的。微生物群如何适应这里的环境完全出于猜测，但是要记住，微生物（包括住在我们肠道内的微生物）是无处不在的，想要尽我们所能把我们能接触到的每一个地方的微生物完全消除几乎是不可能的（尽管很多人会认为可以使用更好的消毒剂去清除微生物），这意味着你在社区中心打牌、与朋友聚餐或者在参加社会活动时与他人握手，你会以各种各样的方式与其他人接触，与他人接触的同时也会接触到他们身上的微生物。有没有一种可能，社交活动的抗衰老效果来自和其他微生物的接触呢？在完全否定这种只有研究微生物群的科学家才会想到的可能性之前，思考一下这个问题：研究人员发现，让瘦老鼠和肥胖老鼠住在一起，可以让"瘦"微生物群渗透到肥胖老鼠的微生物群中，使后者体重不再增加。如果肥胖小鼠没有跟瘦小鼠接触，它们也不会接触到"瘦"微生物，当然也无法摆脱"胖"微生物群的包围。

我们有没有可能通过社交活动来接触别人的微生物群，让肠道拥有多样化的有益微生物呢？也许这只是一个疯狂的想法，但是10年前肠道微生物群可能导致肥胖的想法也是同样疯狂的。毫无疑问，随着年龄的增长，保持社交活动是很有好处的，但是当下一次考虑是否加入本地的桥牌俱乐部时，你要记住，你认识的一些新朋友可能会是你的微生物群的救星。

第九章

管理体内的发酵作用

你的基因组不代表一成不变的命运

我们无法改变人类基因组，但微生物却提供了一个让我们对原本无计可施的基因进行控制的机会——这有点像玩扑克时可以换掉手中的牌。微生物群的改变不会影响我们眼睛的颜色或者鼻子的形状，但是除此之外的许多方面，例如我们的体重和免疫系统，都受到肠道微生物群的影响。

有人可能会认为，体内微生物群构成在某种程度上是由人类基因组决定的，因为人类基因创造了微生物栖息的肠道环境。哪些微生物能占据我们的肠道，也许在很大程度上是由人类的遗传基因所决定，这让每个人体内的微生物群构成在出生前就确定了，如果是这样的话，同卵双胞胎的微生物群应该比异卵双胞胎的微生物群更加相似。事实并非如此，环境对我们体内的微生物种类起着非常重要的作用，由于我们可以做很多事来塑造肠道内环境，因此，我们可以控制体内的微生物群，并用这种方式来弥补我们对人类基因组无能为力的缺憾。我们的微生物群包含了比人类基因组多100倍的基因，所以，事实上我们有可能改变大约99%的相关遗传物质为我们谋福利。

应该知道，我们的微生物群的适应能力不强，我们需要了解如何准确地对微生物群进行积极的改变，最大限度地增加它给我们的健康带来的好处。以下部分概括了我们可以为了优化微生物群和我们的健康而培养的具体习惯，我们已经把以下所有的建议用到我们自己和孩子们的生活中，其中的每一个建议，都是在过去10年里对微生物群空前规模研究的基础上提出的，这些研究包括了我们所在的实验室和该领域的其他科学家所做的研究。

健康微生物群大跃进

在婴儿期，人类肠道中的微生物群就已经开始了"瓜分地盘"的活动，能够在早期成功栖身并繁衍后代的物种可以在肠内持续存在几十年，甚至一生。影响微生物群占领肠道的因素有许多，包括出生方式、饮食、抗生素的使用以及与自然环境中微生物的接触。在刚出生的时候培养微生物群，可以让人与微生物群的共生关系有一个良好的开端。

孩子的出生方式受多种因素影响，其中很多因素是我们无法控制的。很显然，母亲和新生儿的安全是最重要的，但是在出生过程中，有许多影响孩子体内微生物群的问题应该受到重视。从微生物群的构成角度来看，自然分娩的婴儿接触到的微生物与剖宫产婴儿皮肤上的微生物有很大不同。母亲的微生物群构成在怀孕期间会发生变化，这大概是为了更好地照顾越长越大的胎儿并且给新生儿准备最有益的"初始"微生物。但是剖宫产并不意味着婴儿无法接触到只有通过顺产才能接触到的微生物，与医生讨论给剖宫产婴儿进行母亲产道分泌物擦拭的可能性，有助于让婴儿的早期微生物群走上正轨。

我们最需要控制肠道微生物群的因素之一是饮食，出生后吃到的第一种食物会对婴儿免疫系统的发育和培养过程中起重要作用的肠道微生物群产生影响。在完全了解哪些微生物会导致或保护我们免得过敏、哮喘甚至肥胖之前，最安全的办法就是提供已经经受了时间考验的营养。人类在经过了漫长的进化过程之后，母乳在最大限度地维持人类的健康方面是最经得住考验的婴儿食物，配方奶只是人类近几十年来对婴儿食品不断研究的结果，与此不同的是，母乳，特别是其中含有的典型的微生物群所需碳水化合物——母乳低聚糖，才是微生物群的超级食品。虽然婴儿配方奶粉中含有益生元甚至益生菌，但它们都不如母乳的营养，现实情况是，由于我们还不了解影响微生物群发展的超级复杂的因素，人类还无法设计或者研制出像母乳那样指引微生物群发展的奶粉配方。母乳给婴儿提供了以高含量的微生物群所需碳水化合物开始新生活的机会。

与出生方式一样，我们选择什么食物喂养婴儿通常会受到周围环境的影响，这通常是我们无法控制的，但是母乳喂养却不受环境的这种影响。无论母乳的量有多少，它都可以为婴儿提供母乳低聚糖，而且母乳中发现的微生物是无法用其他任何形式替代的。在一天结束也就是每天晚上喂母乳的时候，对母亲和婴儿来说都是一种很好的安慰，同时是给孩子微生物群的成长提供营养的绝佳方法。我们强烈建议有母乳喂养困难或者母乳不够的妈妈们寻求外界的支持或请哺乳专家提供帮助。母乳喂养是一项复杂的技术活，需要时间和练习才能掌握。不可否认，母乳喂养需要付出很多努力，但是这种努力会让婴儿得到患过敏、哮喘、肥胖甚至糖尿病风险降低的回报。婴儿的微生物群，以及继承了这些微生物群的后代将永远感激你!

杀菌的问题

抗生素是现代医学的奇迹，抗生素拯救了无数的生命，并将继续作为临床治疗中最有效的药物之一，但它们的效果也可能成为它们的危险。大多数抗生素不会区分"坏"细菌和"好"细菌，每次使用抗生素都会严重影响我们体内微生物群的多样性，并且增加了机会性感染，如梭状芽孢杆菌和沙门氏菌等致病菌感染的风险，这种间接伤害可能会变得越来越难以修复。

在我们的生活中，使用抗生素有时是不可避免的，但是，今天的人们正在过度使用抗生素，而且儿童过度使用抗生素的情况更严重。每个美国孩子每年平均会接受一次抗生素治疗，这可能会永久改变孩子的微生物群，影响他的长期健康。如果我们想要保护微生物群的健康并且尽量减少耐药的超级细菌的产生，我们就需要谨慎使用抗生素，只在绝对必要的时候才去使用。每次当家人面临使用抗生素的可能时，我们最好在医生的指导下做一次使用抗生素的"成本—效益"分析。如果医生觉得采取观察法比较安全，我们就等等看，如果医生确定抗生素是最好的治疗方法，我们就使用它。我们会在两种情况下给孩子补充益生菌：一种是给新生儿喂食益生菌补充剂，另一种是在抗生素治疗期间和之后给孩子喂食酸奶。

要做到不经常使用抗生素，预防生病是关键。一提到学龄儿童，我们就会想到他们流着鼻涕或者喉咙沙哑的样子。营养饮食和益生菌食物可以减少生病次数和缩短生病的时间，健康的饮食加上充足的睡眠可以帮助孩子们抵御疾病。在流感季节，我们要督促孩子认真洗手，比如孩子放学回家后用香皂洗手，这样可以阻止从同学身上带回的传染性微生物（主要是病毒）。与限制病原体的接触同样重要的，是多补充人体有益菌，每天早晨喝一杯酸乳酒或酸奶，可以为体内提供数十亿个微生物来帮助你提高身体防御能力。

增强微生物群的社交

现代的西方生活方式给肠道微生物群带来了陌生的环境。过分干净的环境使我们接触微生物的数量远远少于过去那种用泥土铺地以及用手擦去污垢的人们，但是我们有办法在不放弃现代化的好处的前提下，为我们的常驻微生物群带来更多同伴。动物为平衡我们的过于清洁的环境提供了额外的微生物。农场的房子中的微生物远比城市住宅更具多样性，在农场中长大的儿童更不容易患哮喘和过敏，大概是因为他们与环境中微生物的接触多于城市中的儿童。

虽然搬到农村生活对于大多数人来说并不现实，我们还是有办法让身处城市中的自己拥有更多的环境微生物。小小的花园可以成为增加我们与微生物相互作用的渠道，如果花园的空间有限，那就去创造和寻找更好地利用空间的方法。露台上的罐子或者窗台上的花盆，都可以增加我们和土壤以及植物中的微生物的接触。我们所在的旧金山海湾地区是个寸土寸金的地方，想拥有更多的土地是一件奢侈的事情，所以，我们将自己房子前院的一部分改造成了花盆拼出的花园。我们的孩子喜欢用手去挖泥土中的杂草，捉蠕虫和幼虫，或者收获成熟的蔬菜。因为不使用除草剂、杀虫剂或者合成肥料，我们感觉孩子们从花园玩耍回来，在吃午饭之前不洗手也没什么问题。如果你没有多余的空间建造花园，去有机农场的务农体验不仅是一次外出郊游，也是给你的微生物群介绍新"朋友"的大好机会。美国的许多农场直接向消费者销售产品，允许游客参观，这些农场甚至还可以让城里人在周末花几小时来除杂草和收割庄稼，这些体验可以让人们接触到很多可能不会出现在城市或市郊的居住场所的微生物。

和在农场长大的孩子一样，家里养宠物的城市儿童比家中没有宠物者更少受到呼吸道感染和过敏的困扰，而且不太需要使用抗生素。宠物的身体或者它们游戏的场所带给家庭有益的微生物，我们经常看到我们的狗用鼻子接触泥土，在后院中嗅来嗅去，然后跑到我们的孩子面前舔他们的脸——这是宠物可以增加我们和微生物之间接触的生动表现（泥土只是狗狗探索充满微生物群的环境的例子之一）。在我们家中，抚摸宠物狗以后是不需要洗手的，我们的狗狗不用除跳蚤的药，我们定期给它检查是否有传染性肠道寄生虫，而且它大部分时间都待在我们无农药、无杀虫剂的院子里，在这种情况下，我们觉得接触过更多的微生物之后不彻底洗手带来的潜在好处大于风险。

不喜欢宠物的人也不用担心，成人也可以成为儿童"额外"微生物的来源。最近的一项研究发现，有些父母会用嘴去吸掉奶嘴中的残留物以后直接让孩子再用，另一些父母会将奶嘴彻底清洗或煮沸后才让孩子使用，相比之下，前面那种做法看似比后面的更不卫生，但"不卫生"的孩子们却更少得湿疹，也就是那种皮肤变得红肿或发炎的疾病，使用母亲吮吸过的奶嘴的孩子与使用更清洁奶嘴的孩子相比，更不容易患上呼吸道感染。这项研究为"不干不净，吃了没病"提供了一个很好的例证。这个原理除了适用于奶嘴外，也适用于我们打扫房间吗？别担心，我们不提倡你打扫房间时用舌头去舔整个房子。但是对我们的健康而言，使用家用抗菌清洁剂或漂白剂相当于煮沸奶嘴。对微生物更有利的清洁方式是使用毒性更低的清洁剂，如醋、香皂和柠檬汁，这些可以增加我们与微生物的接触，还能减少困扰当今西方国家的免疫系统异常的风险。

为了微生物而吃

我们推荐采取针对微生物群的膳食干预措施，主要目的是提高微生物群的多样性和增加由细菌发酵产生的短链脂肪酸的数量。多项科学研究表明，拥有产生大量短链脂肪酸的多样性微生物群的人，比肠道微生物群多样性差的人更健康，更不容易得慢性疾病。在饮食结构和生活方式方面与我们的祖先更接近的人，比现代西方人有更多样性的微生物群，即使在西方人中，身材苗条的人体内的微生物群也比肥胖的人更具多样性。微生物群多样性最差的超重和肥胖人群，也比多样性稍好一点的肥胖者有更多的胰岛素抵抗、高胆固醇和炎症。证明更健康的身体和微生物群多样性之间的关系的证据，正在一点一点增加。怎样才能促进高度多样性的微生物群？你可以在肠道内创造一个受微生物群欢迎并能够维持其多样性的有利环境，这个环境中充满微生物群所需的碳水化合物。

好消息是，由于微生物群对改变饮食结构的反应明显，明智地选择食物可以极其有效地改善你的微生物群多样性，重要的是，不同的饮食变化可以引发微生物群的短期或者长期反应，而且可以从不同的方面发生变化。在你的膳食中增加微生物群所需的碳水化合物将导致微生物群的迅速转变，但是移除微生物群所需碳水化合物也会产生一个可能不太健康的迅速转变，关键是要增加微生物群的营养，并且长期保持这种富含微生物群所需碳水化合物的饮食习惯。长期的膳食结构是实现和维持微生物群多样性的主要决定因素，我们的建议是在反思现有饮食方式的基础上提出的，这需要考虑到给微生物群提供营养。目前没有专门针对微生物群的"食疗"，所以尽管微生物群对饮食变化的反应很快，但必须用长期为微生物群提供营养的膳食结构才能对我们的健康产生终身的积极影响。

对微生物群有益的饮食有4个主要原则。首先是多摄取富含微生物群所需的碳水化合物的食物。我们的肠道微生物群需要食物，它们最想要的就是碳水化合物，这些碳水化合物主要有两个来源——膳食纤维中和肠道内壁黏液保护层上的碳水化合物。在理想的情况下，大多数给微生物群提供营养的碳水化合物是从食物中，而不是从肠道内壁黏液来的，因为肠道内的这些黏液对肠道起到了一种国界样的屏障功能，使微生物群保持在安全的范围。如果鼓励微生物紧贴这层屏障获得营养（比如剥夺饮食中供微生物群营养的碳水化合物），并充实专门消耗这层黏液的肠道微生物，可能会让这个保护层受损。

在决定吃什么时，我们需要注意待在消化系统末端的微生物是如何获得食物的。早餐中仅包含鸡蛋、培根、白吐司和不含果肉的果汁，几乎无法给你的微生物群提供碳水化合物，也没有产生短链脂肪酸所需的原料。如果紧随其后的午餐是白面包三明治、薯条和碳酸饮料的话，你的微生物群就已经错过两顿饭了。用肉、土豆泥和煮得过久的软烂西蓝花作为一天中最后一顿饭的话，你的微生物群一整天得到的碳水化合物量就少得可怜。在这种情况下，微生物群就会将目光转向肠道内唯一的食物储备——肠道内壁黏液。此时，微生物群会消耗在肠道黏液中发现的碳水化合物，缓缓地接近你的肠道黏膜，破坏身体为了使微生物群保持安全距离而建造的这层屏障。如果这种情形日复一日地出现，有可能你的免疫系统会发出警报，以结肠炎症的形式进行还击。

　　让微生物群远离肠道黏液层只是摄取更多膳食碳水化合物的原因之一，这样做的另一个原因，是富含微生物群所需碳水化合物的饮食可以帮助你维持更加多样化的微生物群种类。如果相同的肠道黏液碳水化合物总是出现在肠道微生物群的菜单上，就会限制本可以茁壮成长的微生物群。但是，如果你通过富含水果、蔬菜和谷物的饮食提供各式各样的碳水化合物，突然间，供给微生物群的碳水化合物种类繁多，许多类型的微生物就可以旺盛起来，这会在你的肠道内形成一个稳定的微生物"社会"，为你提供强大的、足以抵御病原体入侵并且能够产生促进健康的短链脂肪酸的状态。肥胖和超重的人坚持低热量、高纤维食物饮食（包含30%的膳食纤维和130倍于此前饮食的可溶性纤维），可以减轻体重和增加微生物群多样性，伴随微生物群多样性而来的是糖尿病、动脉粥样硬化和癌症风险的降低。通过增加膳食中的水果和蔬菜，以及其中富含的微生物群所需的碳水化合物，这些人群能够在肠道内建立一个让微生物群蓬勃发展的环境，作为回报，他们赢得了更好的健康指标。

　　第二个对微生物群有益的饮食的重要因素是限制肉的摄入量。红肉中含有左旋肉碱，肠道中的某些微生物可以将其分解为三甲胺，然后再氧化成氧化三甲胺。经常吃肉者比素食者的氧化三甲胺数量要多，体内过多的氧化三甲胺会增加卒中、心脏病发作和其他心脏病事件的风险。长期的饮食模式能够影响微生物群产生这种危险物质的能力，几乎不吃肉的植物性饮食的人群，即使吃肉也会产生较少的氧化三甲胺，可能是因为他们的肠道中没有那么多能产生三甲胺的微生物。理想的状态是，你可以确定体内的微生物群是否包含产生三甲胺的微生物，并据此结果做出相应的饮食选择。遗憾的是，我们现在对微生物群还了解不多，无法做出这种预测，在清楚地了解哪些微生物群成员能够抵抗氧化三甲胺的产生之前，最安全的做法就是限制肉类的食用，特别是左旋肉碱含量最高的红肉。

对微生物群有益的饮食的第三个要点是限制饱和脂肪的摄入量，高饱和的动物脂肪不利于微生物群的多样性。能够在高脂肪的饮食环境中蓬勃发展的微生物种类包括我们在前一章中提到的病理生物，这种微生物群中的物种可以引发肠道炎症。植物生成的单不饱和脂肪不会那么容易促进病理生物的产生，用橄榄油或鳄梨中的油代替饱和的动物脂肪，能够在不增加肠道病理生物的情况下满足你对脂肪的需求。

对微生物群有益的饮食的最后一点是摄取有益微生物，也就是益生菌。人类已有很长的摄取食物中的细菌的历史，在制冷和环境卫生技术广泛应用之前，吃变质、未清洁的食物是人们日常生活的一部分。今天，摄取酸奶之类的发酵食品中的细菌，能减少食源性和呼吸道疾病的风险，然而，FDA对益生菌监管过松，加上生产企业对这些产品作用的过度宣传，消费者被各种各样的说法弄乱了，我们再说一句添乱的话："包治百病"之说并不适用于益生菌。因此，想要找到对你有益的那种益生菌，就要做微生物群的实验者，最好的做法就是尝试各种益生菌来确定对你最有用的那种。

如果你有特殊的健康问题，应该咨询医生以确定某个特定的益生菌产品是否适合。我们的家庭摄取益生菌的主要形式是吃发酵乳制品，如不加糖的酸奶和发酵酸乳酒，但是我们也很喜欢发酵蔬菜，如咸菜和泡菜，这些只是我们的个人偏好。我们在本书的附录中列出了一部分可食用的发酵食品，这个列表并不是详尽无遗的，因为随着公众认识的提高，含有微生物的产品数量正在增加，但是这个列表可能会给寻找发酵食品的朋友提供一个起点。尝试各种发酵食品，看看哪个最适合你和你的微生物群，然后开始将它们纳入日常菜单吧。

最适合的益生菌类型很可能与每个人的微生物群一样独特，因此，你可能需要多尝试几种不同的益生菌以找到最合适的那一种。如果出现腹部肿胀、疼痛或消化不良，那说明益生菌与你的肠道或其中的微生物群并不和谐。理想的情况是，益生菌能够促进排便通畅，但是，要想在补充益生菌后感觉到明确的积极变化可能要花一段时间，所以你需要些耐心。

可供选择的益生菌发酵食品和补充剂很多，尝试一种特定的益生菌（如某个品牌的酸奶）的方法是每天食用它，至少坚持1周的时间，这将帮助你决定该产品是否给你带来了好处。如果你觉得这种酸奶不能给你带来好处，就去寻找另一种不同类型的发酵食品，再次尝试至少1周的时间。如果你更喜欢使用益生菌补充剂，那么最好找你知道的制造商的产品，因为正规企业的产品更可能有良好的质量，企业需要维护自己的名声。你可能想尝试富含多种微生物群的补充剂，它们是对发酵食品中的多种微生物进行模仿制成的。在你尝试不同的产品时，要谨防精加工食品技术（通常隐藏在精美的装饰和色彩鲜艳的包装下），这很可能是通过添加一些益生菌培养基伪装而成的所谓健康食品。食用富含细菌的食物会使我们的微生物群以近似于祖先的方式源源不断地获得环境微生物。

有些时候我们需要多摄入一些有益的细菌。我们和家人如果出现食物中毒、流感或者有患感冒、喉咙异常的征兆时，我们就会增加饮食中的微生物数量，通常的做法是每日多喝一杯酸乳酒。另外一些导致微生物消耗的情况，比如使用抗生素时，我们也会通过饮食补充额外的微生物。

我们之所以提供我们家庭使用益生菌的方式，是为了使益生菌融入你的生活而举出的一个可供参考的例子。然而从本质上来说，没有具体的证据证明特定的益生菌菌群比任何其他益生菌对身体更有益处，所以，通常情况下，只有摄取与发酵食品相关的（或从食物中提取的）细菌才有益于健康。然而，请记住，许多含益生菌食品可能添加了糖，尤其是那些卖给儿童的产品，应该选择添加成分最少的产品、少糖或不添加糖的产品。理想情况下，食物成分表中包含的细菌种类应该多于未被认可的细菌种类（译者：此处"未被认可的"指产品中包含的"益生菌"是生产企业自称的，而非FDA明确认定的菌种）。如果蔗糖、玉米糖浆或其他类型的含糖甜味剂排在成分表中的前3位，不要选择这些产品！如果你的孩子很难适应无糖发酵食品酸涩的味道，可以考虑添加少量的蜂蜜或枫糖，然后再逐渐减少蜂蜜或枫糖的量，随着时间的推移而慢慢减少额外的糖分，你可以帮助孩子渐渐习惯无糖发酵食品。

正如你可能注意到的，这个以微生物群为中心的饮食与地中海饮食、日本传统饮食有许多共同特征，这些饮食会让人特别的健康和长寿，这些饮食的共同点是膳食纤维含量高、饱和脂肪含量低、红肉较少以及经常食用发酵食品，这并非偶然。虽然这些饮食支持健康的方式是复杂和多方面的，我们现在已经开始了解支持健康的微生物群这一重要因素。

有益于微生物群的日常饮食方法

在了解了微生物群因饮食中富含碳水化合物、低含量的肉类和饱和脂肪的饮食而欣欣向荣，同时会让体内拥有大量的有益菌之后，我们应该如何做到让自己的日常饮食对微生物有益的呢？本书后面的附录中提供了给微生物群补充营养的1周菜单的示例，其中，每天吃包含33~39克来自不同食物的膳食纤维，可以最大限度地增加微生物群可发酵的食物种类。这个数量是根据美国农业部饮食指南推荐的每消耗4190千焦（1000卡）的热量应有14克膳食纤维得来的。美国国家科学院医学研究所的更加个性化的膳食纤维推荐量也在附录中给出，这个推荐量是按性别和年龄提出的。每天吃至少一种益生菌食物会给你的微生物群带来一些新"客人"。另外，这个菜单中的大多数是没有肉的，每天的脂肪主要来源于植物，这是为了限制潜在的氧化三甲胺的产生，同时推动植物性碳水化合物发酵（以及增加短链脂肪酸的产生）为中心的微生物群的形成。我们为菜单中提到的许多菜肴提供了做法，这个1周的饮食计划可作为帮助你建立有益于微生物群饮食方式的指导。

对于家有学龄儿童的人们，我们很了解他们在校内午餐的营养、孩子的健康方面的担心，我们在1周菜单中也加入了学校午餐的概念，把经常给自己的孩子做的午餐列出以供参考。除非孩子的学校高度关注提供健康的午餐（这类学校似乎少之又少），给孩子自带午餐将保证他们能够获得营养、有利于微生物群的食物，并且让你能够记录孩子都吃了（或没吃）什么。学校的自助餐厅可能会提供富含膳食纤维的水果和蔬菜沙拉，但是，除非有人把这些食物放在孩子们餐盘中，提醒他们吃"有助于成长"的食物，大多数孩子会忽略这些食物。即使是知道这些食物对健康有积极影响的成年人也很少去选择它们，我们如何指望孩子选择吃生的蔬菜而不选择其他自助餐（如芝士汉堡、薯条或芝士比萨）呢？我们赞赏学校为孩子们提供健康午餐的努力，但是令人遗憾的事实是，没有了在家的禁锢，孩子们通常不会做出健康的选择，为了给微生物群带来持久的改变，有益于微生物群的饮食需要有长期的保证。

最后一个无法回避的问题是肠胃胀气。通常，刚刚从过去已经习惯的饮食转变成吃富含微生物群所需的碳水化合物的饮食时，会出现短期的胃胀气，然而，随着时间的推移，你的微生物群将适应，气体的产生也将恢复正常。我们和很多人谈论过高膳食纤维饮食的重要性，他们抱怨遭遇过不舒服的腹胀和排气，并且把它作为一个降低膳食纤维摄入的理由。为了减少不适，缓慢增加膳食纤维，给你体内的发酵作用一些时间，让自己的身体适应微生物群所需的碳水化合物的增加。通过逐渐增加膳食纤维量，你可以最终达到膳食纤维的推荐量，并且最大限度地减少不适，一旦你的身体达到了最佳的膳食纤维水平，继续摄取大量的膳食纤维来维持体内平衡是很重要的。在饮食中添加膳食纤维的速度将取决于许多因素，例如，你过去吃过多少膳食纤维、你的微生物群的个体性等，注意观察你的身体是如何应对这个饮食变化的，然后慢慢地增加膳食纤维的量（可以忍受的话，尽快增加）。每天尽量将膳食纤维量保持在25~38克的范围，达到这个数量可能需要几周甚至几个月的时间，但是最终你的微生物群会适应这种新的饮食方式。影响微生物群的最好方法就是实现一个可持续发展的、长期的微生物群友好型饮食，这不但需要你有耐心，还需要你为这个目标付出的努力。每年，因纽特人都要体验短期内吃大量富含微生物群所需的碳水化合物的过程，这个给微生物群补充营养的过程会让他们有点不舒服，但与因纽特人不同的是，我们获得微生物群所需碳水化合物不受季节限制，所以用循序渐进的方法可以尽量减少微生物群调整产生的不适。采取科学方法增加微生物群所需的碳水化合物摄取，可以帮助你确定最符合你的微生物群和消化系统的碳水化合物和益生菌的来源。在这个过程中，有些人会发生食物过敏，并因此出现各种各样的症状，如腹胀、胃胀气、头痛和嗜睡。假如你对谷蛋白敏感，你需要尝试其他无谷蛋白谷物如藜麦、小米或荞麦。英吉拉，是一种由画眉草面粉发酵制成的扁平面包，它的膳食纤维含量很高，没有谷蛋白成分而且含有经微生物发酵的化合物（微生物在烹饪的时候会被杀死）。人们对豆类的反应也是高度个性化的，如果你发现食用鹰嘴豆经常会导致不适，那就试试黑豆或者扁豆。

在美国，人们可以通过参与美国肠道计划来追踪体内微生物群发生的变化，这个由一群受人尊敬的科学家执行的计划，已经为成千上万的人提供了他们体内微生物群的信息，但我们并没有参加此计划。你可以在改善微生物群之前和期间进行肠道微生物群测序，来见证饮食和生活方式的改变是否使健康有了改善。这个计划会给每个人提供一份报告，详细说明体内微生物群中都有哪些微生物种类，以及与其他参与者以及生活在发展中国家（马拉维和委内瑞拉）人们的对比，这些信息不仅能让你会更好地了解你的微生物群以及与其他人的比较，而且还将有助于对这些群体的科学认识。为了引导你的微生物群的振兴之旅，我们建议你提交多个样本——

一份微生物群初始样本，一份或多份调整饮食和生活方式后的样本——来观察这些变化是如何影响你的肠道微生物群的，这不仅能提供有用的信息，也能给你坚持继续改善微生物群健康的行动带来动力。

肠道微生物群之外的群体

现在，你对居住在我们肠道内的、以"微生物群"作为总称的、以多种方式与人体有着相互影响的细菌，已经有了很好的了解。肠道给我们携带的微生物中的绝大多数提供了庇护；但是我们身体的很多其他部位也存在着微生物（主要是细菌），我们的口腔、皮肤、鼻子、肺、耳朵、阴道，甚至我们的肚脐都是微生物的栖息地，我们把人本身和在其身上这些栖息地生活的微生物加在一起形成的超级生命体，称之为"人体"。虽然目前对肠道外这些微生物群体的研究落后于对肠道微生物群的研究，但它们在人类的健康中同样发挥作用。

我们的微生物群正在经历着栖息环境的改变，这在1万年前农业诞生之后再未发生。现代西方的饮食只含极少的微生物群所需碳水化合物和有限的微生物，与之相伴的是抗生素和抗菌产品使用的不断增加，这给微生物群带来了许多挑战。这些挑战导致肠道微生物群的多样性减少，而且吃西方饮食的人与保持传统生活方式的人（这些人患慢性病的风险也低）相比，缺少关键的细菌种类。幸运的是，微生物群的可塑性既使得西方人的微生物群如此之快地与祖先们产生不同，我们也可以通过干预让微生物群很快恢复。通过改善饮食、尽可能减少抗生素的使用和与自然的重新联系来培养肠道微生物，可以改善体内微生物群的健康。

　　随着我们和微生物群之间错综复杂、相互交织的多物种相互作用的发现，现在，我们需要重新定义"人类"是什么。这个定义应该考虑到形成我们自身的以及居住在我们身体上的所有细胞所形成的躯体，所以，人是一种复合生物群，一个生态系统。当考虑到健康时，我们需要注意体内的微生物群，并且思考什么会影响我们的饮食和生活方式，然后，在做医疗决策时也应该考虑到体内的微生物群。

餐单和食谱

有益微生物群的7日餐

我们提供的膳食纤维大致含量，仅供参考。标记星号的表示餐单后给出了配方和制作方法。

星期日——34.5克膳食纤维

早餐（17克膳食纤维）

共生之争*

阿兹特克热巧克力*

午餐（5克膳食纤维）

尼斯沙拉

零食（3.5克膳食纤维）

发酵椰枣*

晚餐（9克膳食纤维）

羽衣甘蓝配全麦意大利面

无花果

星期一——35.5克膳食纤维

早餐（8克膳食纤维）

促进细菌生长的燕麦*

蓝莓

午餐（16克膳食纤维）

鹰嘴豆希腊沙拉*

零食（2.5克膳食纤维）

日式爆米花*

晚餐（9克膳食纤维）

充满膳食纤维的薄比萨*

星期二——38.5克膳食纤维

早餐（7.5克膳食纤维）

牛奶什锦早餐*

午餐（19克膳食纤维）

含有奇异籽、石榴籽和开心果的甘蓝沙拉

零食（3克膳食纤维）

为体内微生物群准备的腰果*

晚餐（9克膳食纤维）

香肠、洋葱、土豆和酸菜

1杯树莓汁

星期三——36克膳食纤维

早餐（9克膳食纤维）

中东燕麦布丁

午餐（6克膳食纤维）

全麦面包夹发酵奶油芝士、烟熏三文鱼、罐头雅支竹心、
番茄切片和酸豆三明治

晚餐（21克膳食纤维）

调节微生物菌群的意大利饭*

约28克（1盎司）黑巧克力

星期四——33克膳食纤维

早餐（10克膳食纤维）

全麦吐司

杏仁/核桃黄油*和草莓片

早安微生物群奶昔*

午餐（7克膳食纤维）

巨无霸汉堡夹塔布勒沙拉*

零食（3克膳食纤维）

香蕉

晚餐（13克膳食纤维）

芝麻粉三文鱼加橙子味噌酱*和糙米

星期五——34克膳食纤维

早餐（7克膳食纤维）

脆皮酸奶*

午餐（11克膳食纤维）

荞麦面条沙拉加益生菌花生味噌酱*

零食（8克膳食纤维）

块状零食*

晚餐（8克膳食纤维）

共生生物地中海汤*

星期六——36克膳食纤维

早餐（9克膳食纤维）

塔拉乌马拉人煎饼*

午餐（10克膳食纤维）

杂粮脆面包分层夹菠菜、沙丁鱼、红彩椒切片和香葱，挤上新鲜柠檬汁

半杯蓝莓汁

零食（4克膳食纤维）

苹果

晚餐（13克膳食纤维）

印度木豆*配糙米

芒果乳酸奶酪*

养活你的微生物群

我们希望这些食谱能为你提供一个有助于维持微生物群的方法，它是我们日常饮食的一部分，在平时工作日里，我们试图把准备和制作每日三餐变得尽可能简单。因为膳食纤维是微生物群所需碳水化合物含量的一种很好的指标，而且可以使用现有的营养知识进行跟踪观察，所以我们列出食谱中膳食纤维的含量，而不是微生物群所需碳水化合物的含量。

这些食谱包含少量的糖，在过去的几年中，我们有意识地减少糖的摄入量，用对微生物群有益的方式摄入碳水化合物。你会发现，你可能不习惯其中一些菜的甜度，限制饮食中的糖分要求你的味蕾重新适应。一开始你可能需要在食物中加入更多的糖，尤其是想要哄孩子吃得更健康的时候，但随着时间的推移，你可以逐渐减少糖并增加膳食纤维摄入量，最终你会发现，用不着太多糖来满足你对甜食的需要，并且需要对过甜的烘焙食物进行调整。与此同时，更多的膳食纤维会增加你的饱腹感，避免摄入以碳水化合物为基础的单纯热量性食物。

在普通餐厅的儿童菜单上，你几乎找不到我们列出的这些菜，除了学校午餐外，很多地方没有专门针对孩子的菜单，这么做是故意的。大部分传统的"儿童"食品含有极少或没有膳食纤维，但常常会有大量的奶酪或加工过的肉，这对孩子的微生物群是灾难性的，让孩子对更健康的食物感兴趣，可能颇具挑战性。我们可以提供一些建议，这些建议已经帮助我们的孩子爱上有益于微生物群的饭菜了。

首先，当孩子拒绝新的食物时家长不要气馁，通常需要经过很多次解释（10次或更多）才能让孩子接受并最终喜欢上各种豆类和蔬菜。根据我们的经验，坚持是塑造健康饮食习惯的有效方法，当然，家长做出健康饮食的模范是至关重要的：让你的孩子看到你也享受健康食品是很重要的，与此同时，家长提到微生物群吃到更好的食物后有多高兴就更好了。和孩子一起进行园艺活动和准备食物，可以帮助他们尝试新菜，最后，牢记维持微生物群饮食对每个人的健康的重要性很有帮助，以对其他活动同样的方法和意志对待进餐，对身心健康很关键，就像你不会同意孩子不去上学或经常熬夜的请求一样，让微生物群忍受饥饿也是不可接受的。当孩子们看到你做的营养饭菜后不满地尖叫时，让他们知道你正在为家人（以及他们的微生物群）提供健康食品，并且一直提醒他们这些饭菜能给他们提供延续终生的好处，可以帮助你强化让孩子转变饮食的效果。

最后还有几个关于烹饪风格的注意事项。我们的厨房里准备了食物加工机和搅拌器，以方便我们加工相应的食物，有几个菜是需要这两个电器的。在吃豆类食物时，我们建议你自己在家动手煮，而不是买现成的罐头食品，这需要更充分的准备，但也不用太费劲，而且做出来的味道会更好。我们通常会在周末煮一锅豆子（在锅里炖上几个小时对于大多数类型的干豆来说足够了），然后我们将煮熟、沥干水后的豆子放入玻璃瓶，再放进冰箱冷冻室或冷藏室，这使我们能够在平时直接把豆子、坚果以及种子加到什锦蔬菜沙拉中，或者混到其他菜里，就可以享受膳食纤维丰富的晚餐。当然，如果你实在没有时间煮，买豆类罐头也未尝不可。

肠道细菌的早餐

传统意识（和越来越多的科学证据）认为，早餐是一天中最重要的一餐，但是实际上我们吃的大部分早餐对我们的健康或我们的微生物群并不是最好的。早餐食物类型通常有两种偏差：一个是精制面粉制成的糕点和煎饼等，通常充满糖或糖浆，另一个是充满动物产品，如鸡蛋和培根搭配一块涂满黄油的烤面包。这两种做法都没有提供太多的微生物群所需碳水化合物，想象一下，如果你是微生物群的成员之一，起床后等着吃第一次出现膳食纤维的早饭，却发现你只能等待午餐时间才有的可吃。这里有一些主意让你的微生物群在每天都有一个良好的开端。

早晨的微生物群"美食"

2人份

（每份含有3.5~6克膳食纤维，基于水果和绿色植物）

普通人的早餐种类单一，其中很少有足够的新鲜蔬菜。一杯绿色饮品加上一些蔬菜，会是一天的完美开始。我们通常在前一晚准备好所有的原料，并且把它们放在搅拌器（未搅拌）中冷藏起来，以便早上可以快速搅拌。

原料

1个梨（秋梨或冬梨）或桃子（夏天当季的），去除果核保留果皮

1根香蕉

2量杯的绿叶蔬菜（菠菜、去根的羽衣甘蓝片、甜菜）

1杯原味无糖酸奶

1茶匙香草精

1/2~1杯水

冰块（可选择项；需在搅拌之前添加）

做法

将水果、绿色蔬菜、酸奶、香草精和水加入搅拌器，搅拌均匀

后，根据浓度加入水或冰块。

格兰若拉麦片

> 8人份
>
> （每份含有6克膳食纤维，不包括添加的水果）

市售的格兰诺拉麦片或同美麦片通常加入了过多的糖，这是不太理想的，因为燕麦对支持微生物群的健康有巨大的潜力。这道菜保存了所有最好的膳食纤维，但减少了大部分糖，为了能一年四季都保持对这种食物的食欲，我们吃兰诺拉麦片时经常添加季节性水果。

原料

4杯混合谷物（或燕麦、大麦、黑麦和藜麦各1杯；根据需要进行替换；Bob's Red Mill即红磨坊牌谷物中有5种谷物混合的产品，效果很好）

1杯无糖椰子干

1杯碎杏仁

1/2杯瓜子（南瓜子）

1/2杯南瓜泥

3大汤匙橄榄油

1/2杯水

2汤匙枫糖糖浆

1茶匙肉桂粉

1茶匙香草精

1/2杯葡萄干

做法

将烤箱预热到180℃（360°F）。将混合谷物、椰子干和杏仁倒入一个大碗中。将南瓜泥、橄榄油、水、枫糖糖浆、肉桂和香草混入一个小碗中，将黏稠的混合物倒入谷物混合物中搅拌均匀。将混合物倒在一个大烤盘上，烤40分钟或至金黄色，中间需要进行搅拌。把葡萄干撒在做好的麦片上，冷却后放在密闭容器中放入冰箱储存。格兰诺拉麦片的保质期至少1个月。早餐时应同时喝约3/4杯加入新鲜或解冻水果的酸奶、酸乳酒。

麦片粥

> **4人份**
>
> （每份含有7.5克膳食纤维）

马克西米兰·奥斯卡·伯奇-伯纳博士是一位瑞士医生，19世纪末，他在苏黎世经营着一家疗养院，他认为多吃水果、蔬菜和坚果可以帮助病人治疗疾病。他制定了麦片粥早餐，现在欧洲大部分地区仍然将其称为"伯奇麦片粥"，最原始的"伯奇麦片粥"只是直接把几勺麦片泡在由一整个苹果的果肉打成的果汁里。这里我们改良了他的食谱，但是我们保持了较高的水果与谷物比例，即保留了伯奇博士最初的目的。

原料

4个苹果，削皮

2杯原味无糖酸奶

1/2杯混合麦片

1/4杯切碎的榛子

2汤匙亚麻籽粉

2汤匙柠檬汁

1/4茶匙肉豆蔻

1/4茶匙海盐

未加工的蜂蜜

做法

用刀或食品加工机切碎苹果。将酸奶、麦片、榛子、亚麻籽粉、柠檬汁、肉豆蔻、盐和切碎的苹果混入一个大碗里，放在冰箱里过夜。加入少量原始蜂蜜。麦片粥可以在冰箱里存储几天时间。

印第安煎饼

4人份

（每份含有9克膳食纤维，不包括添加的水果）

煎饼是美国家庭周末的常见食物，就像星期六早上的动漫节目一样经常陪伴着他们。大多数孩子都喜欢煎饼，谁又能责怪他们呢？精制面粉和大量的枫糖糖浆或糖粉（或两者都有）使这个早餐主食越来越接近蛋糕的地位。这道菜的灵感来自于墨西哥的塔拉乌马拉人。这些印第安人有惊人的毅力，他们能连续不停歇地跑几小时，他们身体很健康，同时也会摄入大量的膳食纤维。他们会用石头将燕麦磨成面粉、用奇异籽（芡欧鼠尾草种子）制成糖来炒玉米粉、能够制作饮料或用自己加工的面粉和糖来烤小蛋糕。用石头磨出的粗玉米面可以给微生物群提供更多的碳水化合物，这种对微生物群有益的煎饼既会让人有饱腹感，又能给有趣且富有自己动手的成就感的星期六提供足够的能量。

原料

3/4杯中度研磨玉米粉

1杯开水

1杯全麦面粉

1/4杯奇异籽（芡欧鼠尾草种子）

1汤匙肉桂粉

1.5茶匙发酵粉

1/2茶匙小苏打

1/2茶匙盐

1.5杯脱脂牛奶

1茶匙香草精

4大汤匙橄榄油

原味无糖酸奶

浆果（根据个人喜好选择种类）

枫糖糖浆

做法

将沸水倒入装有玉米粉的大碗中。将面粉、奇异籽、肉桂粉、发酵粉、小苏打和盐在中碗中搅拌均匀。将脱脂牛奶、香草精和橄榄油倒入大碗中，并将所有原料共同搅拌均匀。在煎锅中倒入油，中火加热，取1/4杯面糊倒入锅里。把煎饼两面煎至褐色。与酸奶、浆果和少量枫糖糖浆一起食用。

玉米卷饼

4人份

（每份含有13克膳食纤维）

这种更加健康的早餐卷饼中有很多的豆类和蔬菜，可为微生物群提供食物，搭配不含奶酪但含有益生菌的希腊酸奶一起食用。购买没有额外添加成分的玉米饼，理想情况下，玉米饼的成分表中应该只包含玉米面粉、水和盐。如果你喜欢，也可以自己在家做玉米饼，但记住，一旦你开始自己做了，你就再也不会满意超市中卖的玉米饼了。你所需要的是一袋玉米面、压饼机或擀面杖，新鲜热乎的玉米饼有真正的作用。在悠闲的周日早晨，与家人一起慢慢享用阿兹特克热巧克力和刚出锅的玉米饼早餐吧！

原料

1个切好的洋葱

6个鸡蛋

盐和黑胡椒

2杯黑豆（提前浸泡）

8张玉米饼

1个切成小块的鳄梨（牛油果）

洋葱番茄辣酱和希腊酸奶

做法

中等大小的煎锅中倒入油，用中火加热，把洋葱煎软（大约4分钟）盛出，把鸡蛋放在一个中等大小的碗里打匀，加入盐和胡椒调味。将鸡蛋和洋葱倒入锅里翻炒。鸡蛋快熟时，加豆子并搅拌，直到鸡蛋全熟。用湿布包裹玉米饼，放入微波炉用高温加热30~60秒至饼变软后，放置在布中静置几分钟。以鸡蛋和鳄梨块、洋葱番茄酱和酸奶配热玉米饼一起食用。

阿兹特克热巧克力

2人份

（每份含有4克膳食纤维）

古老的阿兹特克人常喝一种巧克力饮料，成分包括水、可可粉和被称为"遭克力"的辣椒，这种饮料又被称为"苦水"。这和我们通常想到的顶部有奶油的、甜甜的热巧克力饮品相去甚远，可是，我们做的这种有益于微生物群的早餐饮品一点也不苦，非常适合孩子们，如果再加上点咖啡，也非常适合成年人。

原料

2杯牛奶或无糖杏仁奶

1/4杯无糖有机可可粉

一小撮盐

1茶匙糖浆

1茶匙肉桂粉

1茶匙香草精

一小撮辣椒（可选）

磨碎的橙皮（可选）

做法

将牛奶、可可粉、盐、糖浆、肉桂粉、香草精、辣椒（根据个人喜好而定）放入一个小平底锅中，中火加热并进行搅拌，直到可可粉融化，混合物变热，用时大约5分钟，注意不要被牛奶烫伤。另一种做法是：将所有原料倒入一个大的微波专用碗，放入微波炉加热，中间要经常暂停并搅拌，把磨碎的橙皮撒在上面。

连微生物群都喜欢的校园午餐

孩子带到学校的健康校园午餐，需要高营养和对孩子有吸引力的风味、质地和颜色的平衡，在选择食材时要动动脑筋。许多学校正在改善为学生提供的健康食品，但是孩子往往无法做出最健康的选择，谁能责怪他们——干酪汉堡面包比沙拉更能引起孩子们的食欲。用给孩子带自制午餐的办法，能确保他们亲眼看到健康的食物是什么样子的，而且我们总是尝试用新鲜（因此而美味）的食材。我们也喜欢给孩子准备一小部分我们自己的午餐，这里只列出了几种建议的学生午餐。总之，发展对"促进成长"的食物的兴趣，能帮助孩子获得更丰富的营养。

花生果酱三明治

> 2人份
>
> （每份三明治中含有6~8克膳食纤维，根据水果的不同进行选择）

这是一个很容易装在午餐盒里的重塑微生物群的花生果酱食物。检查一下原料中是否含有果仁，避免那些添加糖、棕榈油或者太多盐的原料，找到满足这些标准的食物可能要费一些力气。坚果黄油很容易做，自己动手来做能够确保其新鲜和不包含那些不该有的添加剂。我们经常自己制作坚果黄油，而且这可以让我们尝试各种坚果组合，这种什锦坚果黄油可是我们全家的最爱。

原料
1杯新鲜杏仁（未加工的或烤过的）
1杯核桃
1汤匙橄榄油

做法
将杏仁、核桃和橄榄油倒入食品加工机或大功率搅拌器搅拌几分钟，使其变得均匀后，放入玻璃瓶中存放在冰箱里。使用全麦面包片和自制的杏仁黄油，涂抹季节性水果酱代替果酱制成三明治。水果提供了甜味和所需的膳食纤维，而且没有果酱中含有的糖，可以根据时令选择水果，以便三明治尝起来口感更好。在秋季和冬季将带皮的苹果或梨子切片夹在三明治里面也很好，春季则可将草莓、桃子或者油桃切片，与全麦面包片制成三明治，香蕉是一种很好的备选水果，而且全年都可食用。如果你的孩子们迷恋果冻的甜味，你可以在开始的一段时间里在水果中加入少量蜂蜜，然后随着时间慢慢地减少蜂蜜的含量，过渡得足够好的话，孩子们甚至可能不会注意到任何变化。

食用建议

可以用原味（无糖）希腊酸奶作为胡萝卜条、红辣椒片、黄瓜片或者芹菜茎的蘸料。我们不喜欢使用低脂或脱脂的酸奶，全脂酸奶口味更好。有证据表明，从长远来看，乳制品中的脂肪，特别是从有机牛奶中获得的脂肪，更有益于孩子们保持健康和良好的身材。

至于零食，可以用一小块黑巧克力（可可含量70%或更高则最好）代替饼干。黑巧克力中有很多有益健康的成分，这相当于每28克（1盎司）中有大约2克的膳食纤维。

"巨无霸"墨西哥玉米饼

2人份

（每个饼中含有9克膳食纤维）

大多数孩子喜欢用白面粉和大量奶酪做成的面饼，它几乎没有给微生物群提供什么营养，然而，我们只需要对面饼做一点点调整，就可以使它成为微生物群很好的食物。使用石磨磨出的玉米粉可以提供比精制面粉做出的面饼更多的膳食纤维。在面饼中加入黑豆，能让简单的煎玉米饼升级为成健康和美味的食物。许多人喜欢在烹饪之前将豆子泡一个晚上，但是我们发现这一步是不必要的，在家煮黑豆时，挑出其中的石子或土块，再把豆子倒进锅里，然后加入一定量水（没过豆子）和少量的盐。把水煮沸，然后加盖、关小火炖豆子，炖大约2小时或豆子被煮软。如果需要；可以在炖的过程中再加些水，然后，将煮熟、沥干的豆子放进玻璃瓶中冷藏或冷冻备用。

原料

1杯黑豆（已脱水）

1/4杯干酪或者蒙特雷杰克碎奶酪

1茶匙孜然

2个玉米饼

切碎的香菜

做法

把豆子、奶酪和孜然放在一个小碗里。将豆类混合物放在半个玉米饼上并折叠起来。将油倒入中等大小的煎锅中，用中火加热。用煎锅煎玉米饼的正反两面，直到奶酪融化，然后出锅撒上香菜。重复同样的方法做第二个玉米饼。

从商店买的玉米饼在平底锅上预热或包在湿布中放进微波炉加热，可以变得更加有韧性，更容易折叠。

食用建议

以鳄梨块和圣女果为佐餐，配上季节性水果作为甜点。

工作午餐

美国的许多工作场所——包括一些我们工作过的医学院——提供的午餐都不一定十分健康，通常来说更健康也是更经济的方法是自带午餐，我们几乎每天都这么做。我们喜欢前一晚准备要带的午餐，就像给我们的孩子准备那样，这样早上起来可以轻松一些。我们的午餐一般是前一天晚上的剩菜和剩饭，但是如果晚饭没有剩余，我们会另做一个快捷的沙拉，装满新鲜的蔬菜、谷物、豆类、坚果和种子，这些菜也可以作为孩子们第二天带到学校的午餐。

鹰嘴豆希腊沙拉

2人份

（每份含有16克膳食纤维）

原料

2杯或1罐［约425克（15盎司）］熟的鹰嘴豆

1根黄瓜，带皮切片

1杯圣女果

1/2个紫洋葱，切片

1个青椒，切碎

1/2杯新鲜芹菜，切碎

1/4杯卡拉玛塔橄榄，切碎

1/4杯羊乳酪芝士条

柠檬汁

特级初榨橄榄油

黑胡椒粉

做法

把鹰嘴豆、黄瓜、番茄、洋葱、青椒、芹菜、橄榄和羊乳酪芝士条拌在一起。撒入鲜榨柠檬汁和橄榄油。将新鲜的黑胡椒粉撒在上面。

荞麦面沙拉配花生味噌酱

4人份

（每份含有11克膳食纤维）

荞麦面是一种荞麦粉做成的面条，尽管它的名字中含有"麦"字，但它却不是小麦粉。由100%荞麦粉制成的荞麦面条富含最多的膳食纤维。酱汁中含有味噌，这是一种在发酵大豆中加入大麦或大米的糊状物。味噌是由一种叫作米曲霉的真菌发酵食物制成的，如果你能找到未经高温消毒的味噌，你不仅可以从它所包含的发酵产物中获得好处，还可以从其活性微生物（巴氏法会杀死这些微生物）获得好处。这道菜很容易做，非常适合作为孩子的校园午餐，因为它通常可以冷食或在室温下食用。

原料

一把约255克（9盎司）的100%全麦荞麦面

4杯胡萝卜丁

2杯煮熟的带壳毛豆

2杯萝卜丁

1杯葱花

1/4杯芝麻

做法

把荞麦面放到一个中等大小的炖锅内煮熟，冷水冲洗使面条冷却。把面条、胡萝卜、毛豆、萝卜和葱拌在一起，加入花生味噌酱搅拌。把芝麻撒在上面，冷食或在常温下食用。

花生味噌酱

原料

1/4杯芝麻油

1/4杯水

1/4杯大豆

4汤匙花生酱

2汤匙未经高温消毒的味噌酱（白色或黄色的）

1汤匙新鲜生姜

1汤匙糖

1个青柠檬，榨汁

做法

将所有配料倒入搅拌器并搅拌均匀。

我们会把姜放在冰箱里，冷冻的姜不仅能保存几个月的时间，并且很容易用刨皮器磨碎。

充满微生物群所需碳水化合物的塔博勒沙拉

4人份

（每份含有7克膳食纤维）

小麦麦片是膳食纤维含量很高的谷物之一，它是由脱壳但仍然保留着大部分麸皮的小麦制成的，通常是在煮熟并干燥之后出售，这使得它成为速熟的全谷物。这种食物是地中海饮食中的主食，而地中海饮食是世界上最健康的饮食之一，强调低饱和脂肪、高膳食纤维和发酵食品。塔博勒沙拉传统上是作为沙拉或配菜，但是加入鹰嘴豆后就变成了令人满意的完整的一顿"大餐"，在炎炎夏日吃到这顿"套餐"可让人感觉新奇而美味。坚果或瓜子仁可以添加额外的膳食纤维和增加嚼劲。

原料

1杯小麦麦片

1杯开水

1杯煮熟的鹰嘴豆

1杯切碎的新鲜欧芹

1根黄瓜，切片

2根芹菜茎，切碎

2个中等大小的西红柿，切片

1/4杯切碎的洋葱

原味无糖酸奶

沙拉酱

原料

1个柠檬，榨汁

3汤匙特级初榨橄榄油

1瓣大蒜，压碎

1汤匙香料粉

黑胡椒粉

做法

麦片装入中等大小的碗里，倒入开水，放置大约15分钟，直到水分被吸收。在一个大碗里将鹰嘴豆、欧芹、黄瓜、芹菜、西红柿和洋葱混合在一起，加入开水泡过的麦片搅拌均匀。在小碗中加入柠檬汁、橄榄油、大蒜、香料粉和黑胡椒粉，把混合物倒入沙拉。即食或在冰箱中短暂冷藏后食用。吃的时候在上面淋上少许原味酸奶味道更加。

零 食

我们对孩子吃零食的态度充满了矛盾，一方面我们知道孩子胃容量较小，并且经常发现如果两餐之间不吃一些食物，孩子等不到吃下一顿饭就已经饿了，然而，孩子们因为贪吃零食又会不愿意吃饭，但吃饭肯定比零食更健康。因此，我们在这里给出我们自己处理这件事的办法：放学回家以后既要吃些零食，确保孩子能熬过下午，但到了晚餐时间又会感到饥饿。

首先，他们需要吃完在学校没吃完的午餐，如果你用可重复使用的饭盒装学校午餐，就更容易看到他们吃了什么、剩下了什么。和大多数孩子一样，我们的孩子的餐盒中如果有剩菜，一般都会是蔬菜。通常他们吃完中午剩下的学校午餐就足以撑到晚饭，如果他们吃完午餐食物后仍然感觉饿，那么我们会提供少量的健康零食，这样晚饭来临时他们会有饥饿感。我们发现将零食的数量减少到最低，是保证孩子吃健康晚餐的关键，如果肚子中有太多零食，孩子们不会对吃晚餐感兴趣，正如他们所说，饥饿是最好的调味料。

对于成年人来说，将自制点心带到办公室也是避免傍晚时分因饥饿而去自动售货机买东西吃的好方法——自动售货机中的食物通常都不是健康食品。一般情况下，吃一片水果或一把坚果是最简单的解决方案，但是，这里我们给出了几个既可以饱腹又有助于微生物群的零食方案。

原始部落的零食

8人份

（每份含有8克膳食纤维）

鹰嘴豆泥是一种大多数孩子都喜欢的健康又有益于微生物群的蘸酱。自制鹰嘴豆泥，也就是自己在家用鹰嘴豆做成豆泥，是更好的选择，一些超市也可以买到这种豆泥，但其中有可能包含许多其他的添加成分。我们经常使用自制的鹰嘴豆泥作为各种蔬菜，包括豆薯（凉薯）的蘸酱，虽然比不上非洲原始部落的哈扎人吃的块茎，但豆薯中还是含有相当多膳食纤维的块茎植物。用块茎植物蘸着鹰嘴豆泥当作零食来吃，能够提高零食中的膳食纤维含量，这种吃法更接近远古时期人们吃的野生块茎。如果你告诉孩子们植物块茎能让古代（在大规模的庄稼种植和家畜养植出现之前）的捕猎者和采集者维系生命，孩子们就有可能愉快地大口咀嚼这种哈扎风格的零食了。

原料

2杯或1罐［约425克（15盎司）］熟鹰嘴豆

1个柠檬，榨汁

1/4杯芝麻酱

2~3汤匙水

1瓣大蒜，压碎

调味盐

特级初榨橄榄油

红辣椒面（依个人口味选用）

豆薯，去皮切成条状

做法

将鹰嘴豆、柠檬汁、芝麻酱、水、大蒜、盐放入食品加工机或搅拌器中搅拌均匀，加水调至喜欢的黏稠度。将鹰嘴豆泥倒入碗里，顶部倒少量橄榄油，旁边放少量的辣椒粉和一盘豆薯条。

可以掺入一点切碎的柠檬皮来增强柠檬的味道。

日式爆米花

4人份

（每份含有2.5克膳食纤维）

即使体内没有能够消化海带的微生物，你仍然可以吃一些海里的植物，它们富含多种矿物质，有海鲜的味道。在富含膳食纤维的爆米花（全谷物做成的）上撒上紫菜，能为你和微生物群带来健康的零食。

原料

2汤匙芝麻油，分次使用

1/3杯玉米粒

2张紫菜，弄碎

1/2茶匙盐

1茶匙芥末粉或辣椒，依个人口味选用

做法

在大锅中倒入1汤匙芝麻油并大火烧热，倒入玉米粒后盖上盖子。当玉米粒开始爆开时，用力晃动锅，玉米爆开的声音逐渐消退时，立即将爆米花移出热锅以免烧糊。把爆米花放入有边的大烤盘，将另外1汤匙芝麻油倒入爆米花中，撒上碎紫菜并依个人口味选择放入芥末粉或辣椒，使其有些辣味。摇匀后食用。

给寄生菌准备的腰果

4杯

（每杯含有3克膳食纤维）

在医学上，姜黄（译者：咖喱的主要成分）粉有抗炎的作用。我们在任何可以使用姜黄粉的菜里，都可以将其用作调味料，再配上腰果，这种具有南亚风格的零食，既美味又为微生物群提供了丰富的碳水化合物。

原料

1汤匙橄榄油

4杯天然腰果

1汤匙姜黄粉

1茶匙盐

做法

将橄榄油倒入中等大小的锅里并用大火加热。将腰果倒入锅里，撒上盐。烘烤腰果并一直搅拌，大约5分钟后，取出腰果并放在姜黄粉中摇匀，冷却一下即可食用，也可以将加工后的腰果放入玻璃瓶中，拧紧盖子保存。

充分发酵的椰枣

4人份

（每份含有3.5克膳食纤维）

原料
8枚椰枣

3汤匙酸奶奶酪

8块核桃仁（每块为半个核桃）

肉桂粉，依个人口味选用

做法
从一侧割开椰枣，取出枣核。每个枣中塞入满满的酸奶奶酪和1块核桃仁，可以依个人口味撒上肉桂粉一起食用。

提神醒脑的益生菌

市场上出售的酸奶中大多数添加了糖，这让原本健康的零食变得更像布丁之类的甜点。很多时候原味酸奶所使用的是低脂奶或脱脂奶，但原味全脂酸奶更美味，而且只要吃很少量的这种酸奶都会非常令人满足，所以，费点力气去寻找有机全脂酸奶还是值得的。

或者，如果你有兴趣成为一个美食界的微生物学家，你就干脆自己动手制作酸奶吧。这里给出了我们自制酸奶的方法——这也是让孩子了解神奇的微生物的好方法。如果你喜欢创新，你可以尝试着做世界各地不同风味的酸奶，它们的制作方法很容易在互联网上找到。

原味酸奶

原料
约1升（1夸脱）有机全脂牛奶

约1/4杯酸奶，或适量乳酸菌（袋装酸奶培养基）

做法
在一个中等大小的锅里加热牛奶至82℃（约180°F），其间定时搅拌，加热牛奶时要小心，避免牛奶沸腾后溢出或者被烫伤。牛奶煮沸后将锅从火上移开，让牛奶冷却到46℃（约115°F）。将酸奶或乳酸菌倒入热牛奶中，搅拌并倒入1升（约1夸脱）容量的玻璃罐中，盖紧盖子。将玻璃罐子放入酸奶机或有足够温水（41~46℃，约105~115°F）的保温箱中，用保温箱时应保证玻璃罐泡在约5厘米深的温水当中，放置一夜以便酸奶发酵，然后再放入冰箱待第二天早上凝固。

香脆酸奶冻糕

1人份

（每份含有7克膳食纤维）

原料

1/2杯原味无糖酸奶

1/2杯混合浆果，新鲜或冷冻均可

1/4杯碎榛子

做法

将水果和坚果放在酸奶上，也可以进行搅拌使水果混入酸奶中。

晚　餐

晚餐可能是许多家庭的难题，在劳累的一天结束后，父母需要做的最后一件事是做一顿复杂的晚餐并且想方设法让孩子们吃饭。在这里，我们试着提供一些可以在周日晚上相对快捷、轻松地制作给微生物群提供足够营养，并且让孩子们喜欢的食谱。记住，这些菜是可以一周又一周地重复吃的，但一开始孩子有可能并不喜欢，随着时间的推移，他们会形成一种更健康的口味——这是带给他们以后生活的美妙礼物。

地中海靓汤

6人份

（每份含有8克膳食纤维）

在寒冷的季节，我们每周都会做几次汤，这些汤可以温暖身体，防止感冒。如果你已经很久不吃豆类食物，那么汤是重新开始食用豆类的一个良好的方式，你可以调整这个食谱，慢慢增加豆类的数量，逐步增加肠道内的发酵活动。

原料

2汤匙特级初榨橄榄油

1颗紫色洋葱，切成小块

1把茴香，压碎

4杯切碎的羽衣甘蓝，叶子和茎分开

4瓣大蒜，压碎

4杯低钠蔬菜肉汤

2杯水

2杯或425克（15盎司）罐装蚕豆

2杯西红柿丁

1杯胡萝卜片

盐和黑胡椒粉

1片月桂叶

做法

将橄榄油倒入大汤锅中，用中火或大火加热。加入洋葱、茴香和切碎的羽衣甘蓝茎翻炒大约6分钟，直到食材软化，加入大蒜继续炒1分钟。加入肉汤、水、月桂叶、蚕豆、西红柿丁、胡萝卜片，盖上盖子炖大约15分钟。撒上盐和黑胡椒粉调味。

使用食物加工机可以加快前期准备工作的速度。

芝麻脆皮三文鱼配青豆和橙味味噌酱

4人份

（每份含有9克膳食纤维；配一杯糙米吃则每份含有13克膳食纤维）

种子是膳食纤维、食用油、蛋白质和各种微量元素的很好的来源，我们在厨房放有各种各样的种子用来撒在沙拉、煮熟的蔬菜、热麦片粥甚至酸奶中。这是一个很容易在工作日晚上准备的食谱，但是作为家庭聚会的晚餐也足够正式了。

原料

110克（约4盎司）野生三文鱼片

1/2杯芝麻

2汤匙橄榄油，分次使用

900克（约2磅）菜豆，清洗并切去两端

1杯杏仁

盐和胡椒

橙味味噌酱

原料

1杯橙汁

2汤匙未经高温消毒的味噌糊（白色或黄色）

1汤匙芝麻油

1汤匙姜末

1汤匙磨碎的橙皮

做法

将芝麻均匀撒在大盘子上，放入三文鱼鱼片并按压使芝麻粘在表面。在大煎锅中加入1汤匙橄榄油，中火加热。放入三文鱼，两面煎致完全熟透，每面大约4分钟。把鱼片从锅里取出，裹上锡箔纸保温。

锅里倒入剩下的橄榄油，倒入菜豆和杏仁。中火将菜豆炒熟但仍然保持松脆、将杏仁炒至微黄色，大约5分钟。撒上盐和胡椒调味。

将橙汁、味噌糊、芝麻油、生姜末和橙皮搅拌均匀。三文鱼配青豆和味噌酱与糙米饭一起食用。

富含膳食纤维的比萨

4人份

（每份含有9克膳食纤维）

几乎所有儿童都喜欢吃比萨，而比萨也可以做成给孩子们带来更多蔬菜的完美食物。你可以选在杂货店里选购全麦面包（我们喜欢用全麦馕饼），在上面涂上厚厚的一层欧芹杏仁酱。在这里我们给出一些提高其中膳食纤维含量的配料的方法，这样，你就可以自己动手烤出美味且健康的比萨了。

欧芹杏仁酱

原料

2根新鲜欧芹

2瓣大蒜

1/2杯天然杏仁

2~3汤匙特级初榨橄榄油

1汤匙柠檬汁

调味盐

做法

将欧芹、大蒜、杏仁、橄榄油、柠檬汁和盐放入食物加工器搅拌均匀。

比　萨

原料

4片全麦面包

欧芹杏仁酱（按上面的方法制成）

1杯晒干的西红柿丁

1杯切碎的洋蓟（即法国百合）心

1颗中等大小的洋葱

1/4杯橄榄

2汤匙酸豆

芝士碎屑，调味

做法

烤箱预热到300℃（约570°F）。在面包上抹一层薄薄的欧芥杏仁酱，然后放上西红柿、洋蓟心、洋葱、橄榄、酸豆和芝士碎屑。把面包放在烤盘、烤板或比萨板上，放入烤箱的底部架子上，直到烤透，用时大约8分钟。从烤箱移出，冷却后切成块并食用。

如果你喜欢多种尝试，网上有一些食谱可供参考，我们推荐100%全麦比萨饼和有着"健康食谱"内容的做法。如果面包皮没有预先烘焙，可以将烹饪时间增加到10分钟。记住要使用全麦面粉来制作。

调整微生物群的意大利烩饭

4人份

（每份含有19克膳食纤维）

传统的意大利烩饭是用大米（白米）做成的，它血糖负荷高并且每半杯中只有1克的膳食纤维。另一方面，大麦有非常低的血糖负荷量，每份中含有大约5克膳食纤维，更重要的是它有降低胆固醇的作用。我们制作的这种意大利烩饭有很多高膳食纤维的成分如洋蓟心和平菇。

原料

1杯大麦

1汤匙特级初榨橄榄油

1大颗洋葱，切碎

1瓣大蒜

1杯切好的平菇

1杯切好的洋蓟心

1杯西红柿切片

1杯鸡肉或蔬菜汤

1/4杯芝士碎屑

新鲜的牛至

调味盐和胡椒

做法

取2.5杯水放入一个中等大小的炖锅中，烧开。加入大麦炖10分钟。同时，在一个大煎锅中用中火加热橄榄油。倒入切好的洋葱，炒至洋葱变成褐色，用时大约5分钟。加入大蒜再炒1分钟。倒入平菇、洋蓟心、西红柿翻炒至平菇变软。倒入汤汁收汁5分钟。加入煮熟的大麦、芝士和牛至，以盐和胡椒进行调味。

印度木豆

4人份

（每份含有10克膳食纤维）

具有悠久的食用豆类传统的民族，经常把豆类和调味料掺在一起，这可以减少胀气。木豆是南亚地区人们经常食用的扁豆类菜肴，扁豆是很好的晚餐食物，因为它们比干燥的豆类更容易煮熟。把它们放在野生稻与芒果酸奶（配方见后）上，你的微生物群和味蕾都会得到享受。

原料

3汤匙特级初榨橄榄油

1汤匙芥菜籽

1汤匙新鲜姜末

2瓣大蒜，剁碎

1颗洋葱，切碎

5个中等大小的胡萝卜，切片

5根芹菜茎，切碎

2汤匙香菜

1茶匙姜黄粉

1茶匙孜然

1茶匙辣椒粉

1/2茶匙肉桂粉

1/2茶匙丁香粉

1杯半扁豆，洗净

4杯蔬菜汤或水

1罐［约510克（18盎司）］西红柿片

1茶匙盐

1个青柠檬，榨汁

1/2杯新鲜香菜末

做法

在大煎锅或烤肉锅中倒入橄榄油，用大火加热。倒入芥菜籽翻炒大约1分钟直到它们炸开。减至中火并倒入姜末、大蒜、洋葱、胡萝卜和芹菜。翻炒大约5分钟至蔬菜变软。加入香菜、姜黄粉、孜然、辣椒粉、肉桂粉、丁香粉并搅拌均匀。加入洗净的扁豆、汤或水、西红柿片和盐。搅拌并加热至沸腾。改为小火盖上盖继续炖，定时搅拌，大约15~20分钟，或者直到扁豆煮熟，汤汁变浓。食用前加入青柠檬汁、香菜和盐调味。

芒果酸奶

2人份

（每份含有3克膳食纤维）

原料

2.5杯原味无糖酸乳酒

2杯冷冻芒果块

1茶匙豆蔻

1茶匙切碎的新鲜薄荷

1茶匙蜂蜜

水或冰块（调节黏稠度）

做法

酸乳酒、芒果、豆蔻、薄荷、蜂蜜、水倒入搅拌器里搅拌均匀。添加更多的水或冰块达到想要的黏稠度。

甜 点

我们常常在晚上吃些甜点，它有助于激励孩子吃完他们的"助成长"食品，这也是结束一天的好方法。我们吃的甜点非常简单，通常是一小碗新鲜浆果、梨块或是一块黑巧克力，在特殊的场合下，我们会做更复杂的甜点。

有益于微生物的燕麦饼干

可做24块饼干

（每块含有1克膳食纤维）

这些饼干使用标准版的燕麦巧克力配方，但是经过了改良，以更好地为微生物群提供营养。我们用可可豆发酵和烘烤之后得来的可可豆瓣（即可可粗粉）取代巧克力。可可豆瓣不是活的微生物的来源，因为微生物在烘焙过程中无法存活，它们的味道很奇怪，让人联想到咖啡豆，这些饼干中很少含有小麦粉，取而代之的是全麦面粉和高膳食纤维的燕麦片。

原料

1汤匙全麦面粉

1茶匙粉

1/4茶匙盐

1茶匙肉桂粉

2茶匙可可豆瓣，磨碎

1/4杯（1/2根）无盐发酵奶油

1杯半燕麦片（非即食）

1/4杯橄榄油

1/3杯糖

1个大鸡蛋

做法

将烤箱预热到大约200℃（392°F）。在烤垫上放上铺好烤盘纸的烤盘。在小碗中倒入面粉、发酵粉、盐、肉桂粉和可可豆瓣。将奶油放入另一个碗里放进微波炉加热融化，然后在融化的奶油中加入并搅拌燕麦和橄榄油。在另外一个大碗中搅拌糖和鸡蛋至变成糊状。将面粉混合物和燕麦混合倒入鸡蛋混合物中，搅拌均匀。将混合好的面团按饼干大小缓慢倒在烤盘上，每块饼干约1汤匙大小。放入烤箱烤8~10分钟，直到饼干变成金黄色。

布朗尼蛋糕

可做16块

（每块含有2克膳食纤维）

巧克力在某种程度上有不好的口碑，过甜的牛奶巧克力棒确实会获得"坏名声",但是越来越多的研究显示,黑巧克力含有至少70%的可可,由于黄酮类化合物的存在,它可以作为健康食品。巧克力也有另一种奇妙的成分——膳食纤维,一块大约42.5克(1.5盎司)的黑巧克力中含有3克的膳食纤维。在下面的食谱中,我们把巧克力和另一种在健康食品界冉冉升起的"新星"——坚果结合在一起,来制作孩子、成年人以及他们的微生物群都喜欢的布朗尼蛋糕。

原料

5汤匙天然无盐黄油

170克(约6盎司)黑巧克力(含有70%可可)

1杯杏仁粉

1/3杯糖

1汤匙可可豆瓣

2个大鸡蛋

1茶匙香草精

1茶匙肉桂粉

1茶匙盐

1汤匙碎橙皮

做法

将烤箱预热到120℃(约250°F)。将黄油和巧克力融化,定时搅拌,确保巧克力不会烤煳。加入杏仁粉、糖、可可豆瓣、鸡蛋、香草精、肉桂粉、盐和碎橙皮搅拌均匀。倒入一个约20厘米×20厘米(8英寸×8英寸)大小涂过油的烤盘。烘焙30分钟或者直到将牙签插入蛋糕拔出时不粘为止。

布基纳法索煎蛋糕

> 6人份
>
> （每份含有4克膳食纤维）

这个食谱的灵感来自于对西非布基纳法索和意大利儿童的微生物群的对比研究。布基纳法索的很多人比普通西方人的膳食纤维摄入量要多很多，他们的食物包括小米、高粱、豆类、坚果、水果和蔬菜。在这个食谱中，我们使用小米作为煎蛋糕的底层部分。

原料

1/2杯小米

2汤匙（1/4根）无盐黄油

4杯浆果，新鲜或冷冻（浆果种类依个人口味选择）

3/4杯全麦面粉

1茶匙发酵粉

1/4茶匙小苏打

1撮盐

3/4杯原味无糖酸乳酒或发酵酪乳

1个大号鸡蛋

1/4杯糖浆

6汤匙橄榄油

1茶匙香草精

3/4杯无盐花生末

原味无糖酸奶

做法

将烤箱预热到220℃（约420°F）。在一个小平底锅中倒入小米，加1杯水，用大火煮沸，然后改小火并盖上盖子，再煮15分钟。在一个有耐高温把手的约30厘米大小的锅中放入黄油，用中火加热。当黄油颜色变深时加入浆果。搅拌直到水果变软，用时大约5分钟，取决于所用浆果的类型。在一个中等大小的碗里搅拌面粉、发酵粉、小苏打和盐。将煮熟的小米、乳酸酒或发酵酪乳、鸡蛋、糖浆、橄榄油和香草精放入混合物中搅拌，直到形成均匀的面糊。将面糊倒入煮熟的水果中烘烤25~30分钟或者直到将牙签插入蛋糕后拔出不粘时为止。让煎锅冷却大约10分钟，然后将蛋糕反扣在盘子里。在上面撒上花生末和酸奶后食用。

中东燕麦布丁

4人份

（共9克的膳食纤维）

粗燕麦是燕麦片的同类，但少了一些加工工序，它们是由整个燕麦碾碎而成，燕麦片则已经被碾碎和蒸过了。速熟燕麦片甚至比燕麦片和即时燕麦片碾得更薄，虽然检测数据表明，这些燕麦片的膳食纤维含量是相同的，但是粗燕麦能够给微生物群带来更多的碳水化合物。同时，粗燕麦也更有嚼劲，这让我们吃起来会更加有趣。这种燕麦布丁也是一种很好的早餐。

原料

4杯水

1.25杯粗燕麦

1撮盐

1杯金黄葡萄干

1杯开心果，切碎

1汤匙无盐天然黄油

半茶匙豆蔻粉

1汤匙蜂蜜

原味无糖酸乳酒或酸奶

做法

将4杯水倒入中等大小的炖锅内大火煮沸。倒入燕麦和盐，中火煮约20分钟，不断搅拌。在最后5分钟加入葡萄干、开心果、黄油、豆蔻粉和蜂蜜。与酸乳酒或酸奶共同食用。

致谢

首先我们要感谢我们的编辑，弗吉尼亚"金妮"史密斯、安·葛道夫以及企鹅出版社的团队在帮助我们实现共同的愿景方面所做的努力。"金妮"在成书的每一个阶段都陪伴着我们，并且在这本书的创作过程中给了我们极大的帮助。安德鲁·威尔博士则促进了这个项目的成功启动，他看到了对所有人来说都是全新的研究成果，我们非常感谢他的鼓励和指导。理查德·派因，我们的经纪人，对帮助我们了解不熟悉的出版界是至关重要的，我们非常感谢他在这个过程中的明智建议。

感谢我们所在的斯坦福大学和世界各地的优秀的同事和同行们，感谢他们的众多启发性的探讨和观点。一路上帮助我们的良师益友数不胜数，但是我们感激每一个对此书的出版做出贡献的人。这本书中包含的内容是许多科学家共同努力解码人类微生物群奥秘的结果；他们的创造力、智慧和坚韧不仅在本书创作过程中给我们启发，还继续鼓舞着我们对这个不断扩大的医学领域的深入研究。我们特别感谢书中提到名字的科学家们，感谢他们花时间与我们谈他们的研究领域。许多同事审读了这本书的部分内容并为有关问题的核实贡献了宝贵的意见和时间，其中包括克里斯汀·厄尔、乔恩·林奇、安吉拉·马尔科博、凯瑟琳·吴、山姆·史密特、莉斯·斯坦利和韦斯顿·惠特克。

我们很幸运在一个有这么多聪明、慷慨和具有协作精神的人的领域工作。我们的良师益友杰弗里·戈登博士在这方面值得特别称赞，他在几年前点燃我们对微生物群研究的激情，并且他仍然活跃在这一领域，作为我们一直的敬畏和崇拜而存在。我们也真诚地感谢曾经和仍然在我们所在的斯坦福大学实验室工作的科学家们，他们的活力鼓舞人心，他们的研究发现塑造着我们对微生物群的理解。

没有众多朋友和家人的支持，这本书的出版就不可能实现。我们感谢父母丹尼斯·桑伯格、邦尼·桑伯格、艾美·杜提尔和赖斯·杜提尔，从额外的照顾婴儿到不断地给我们鼓励，我们的家人一直以来都在给我们全方位的支持。最后，我们要感谢我们的最终灵感——我们的两个女儿，克莱尔和卡米尔。她们愿意尝试不同寻常的发酵食物和有益于她们微生物群的饮食，这告诉我们下一代人是可以扭转西方饮食恶化的结果的。每一次听到她们说想要更多的羽衣甘蓝，因为她们的微生物群饿了，而且因为那很好吃的时候，我们都非常自豪！

附录

含有益生菌的食物和饮品

奶制品：标签中有"活性乳酸菌"的产品			蔬菜制品	谷类和豆类	其他
酪乳	鲜奶油	脱脂奶油	韩国泡菜	味噌酱	康普茶——一种发酵红茶
乳酸酒	奶昔	脱脂奶油芝士	咸菜	纳豆	不含乳制品的益生菌饮料
奶酪	酸奶	脱脂酸奶油	德国酸白菜	豆豉	

注意：加热或烹饪会导致活性菌的减少。

每日膳食纤维总量推荐

人群	年龄或阶段	推荐膳食纤维总量（克）
儿童	1~3岁	19
	4~8岁	25
男性	9~13岁	31
	14~18岁	38
	19~30岁	38
	31~50岁	38
	51~70岁	30
	70岁以上	30
女性	9~13岁	26
	14~18岁	26
	19~30岁	25
	31~50岁	25
	51~70岁	21
	70岁以上	21
	怀孕期间	28
	哺乳期间	29